STEM VOCABULARY BUILDING WORD SEARCH PUZZLES FOR TEENS

SCIENCE EXPLORATION

STEM VOCABULARY BUILDING
WORD SEARCH
PUZZLES FOR TEENS

SCIENCE EXPLORATION

SPARKABUBBLE™

SparkaBubble Media
Mount Holly Springs, PA

STEM Vocabulary Building Word Search Puzzles for Teens™
Science Exploration

ISBN: 978-1-960786-11-1 (paperback)

Permissions: permissions@sparkabubble.com

Cover Art: Viktoria Rayne
Editor: Adelaide Rayne

Published by SparkaBubble Media
www.SparkaBubble.com
Instagram: @sparkabubble

FREE STUFF for
PARENTS and TEACHERS:

www.sparkabubble.com/bonus

Biology

G E H I Q B H V M R Z E C R X F M D U L
A G Y F O N D R X P C J E G M E B D G T
K X H P O P U L A T I O N F N L I Q V F
U Z E Q E F C J R S B L Q O C T H U M A
W P O W O A S O M C L G I M M F P N G B
D I O Z Z T B S X E N T S Y E J M K Q U
G S B F U E Y T C W U U U H A N I Q B Y
E S Q G L F X J R L X O M E A O P U L N
O R G A N I S M O C A E V G G F S K O Y
C Z M B U H C V D V T G R S M W M I H M
B V B D C K E V G S V O Y S U C T Q G G
W A X G N S W N Y V I G I S Z A B P R R
L F M T B C W S Z W O L S J T W J G U G
D C E T I S S U E L O X T P E C M Z E E
G A E W T H B Q O B R E A Y D Z P W V A
V D V R Y B W C A H V D B I N O H C R Z
A M H S N D E T O X A O C A H J C E D B
Y S T Q V Y E B T Y G E N E T I C S L V
J S O M O M C L A S S I F I C A T I O N
U U D H F Z D U P P H Y S I O L O G Y R

CELL
ORGAN
EVOLUTION
CLASSIFICATION
POPULATION

ORGANISM
SYSTEM
ECOLOGY
ADAPTATION

TISSUE
GENETICS
PHYSIOLOGY
METABOLISM

Chemistry

D O U P K S U C V N X Y I M W S K G Q E
M U E L E C T R O C H E M I S T R Y V D
S M Q D Y A T Q W E T H G N W U D W S P
I P E R I O D I C T A B L E F S R H R N
W L W O W S T E R O J H Q C C M E A E T
Q Z M Z R S D I Q L J C N O V D A M N L
W I Y L Y O T O U F H O R X Y K C V B R
Z U M M P B U V V G I J G I O E T I K M
W Q G A E O N X J Z Q R D P K I I H T Y
N H G S S O L U B I L I T Y F O O Y B V
A T H E R M O D Y N A M I C S V N I C E
O X F F A C I D P K U W T K W B B C R L
F N S S P B S V F C T V O V H Q X G D E
N R J O R R V U S N S Q R C P T F N X M
X S U B T M O L E C U L E S J B U Z N E
K D H Z D U I B Q K O T N Y W O A D D N
I K J Y B I Y X U H U F N B P E W S S T
R V D B O W E U Q I Y H D M K F G R E S
L E R S C S P L D R L R O P A Y T Q T O
S Y X N Z R T C I F M C K A T O M S R D

ATOMS
REACTION
ACID
SOLUBILITY

MOLECULES
ELEMENT
BASE
THERMODYNAMICS

COMPOUND
PERIODIC TABLE
ION
ELECTROCHEMISTRY

Physics

K J F R X Q Q V W W M R D E S O Q L U W
Q G Q L Y G O T C P A W A V E S I Z K N
C O S V Y O V I Y F G A Q U G N E I W U
V X F J O I O F B A N D E L D Z X M P J
H F Z R S Q K X V H E M G S Q B L F R S
X Z W L G T D Q D E T I O F N H X H S R
J N J E S M Q Z K A I C W T T O L L N G
I R S S E O E E P T S J V Z I R E F A D
W V K N G S U C N Y M K Q A L O U E J M
Y L N A U Y X N H E Y S M Q I F N R H W
W F T N K R L Z D A R D T F G P R E N U
Z Q U A N T U M R I N G J B H C A L C C
R Y R P U O H D K U Q I Y Y T H P A A P
S S R O C C Y Q E Y E Q C U L V R T V P
U G S W P K H O V C W Z G S N D Z I P A
P U B O W U W D K P M O D D X M S V E E
F X E L E C T R I C I T Y I M X Y I O L
I M E N W O F O R C E S J R N T P T T Y
H W L H U A V G F Y D H V O E H C Y K W
R C Y H M C L I G S E N M F E C F N R E

MOTION	FORCES	ENERGY
WAVES	LIGHT	HEAT
SOUND	ELECTRICITY	MAGNETISM
RELATIVITY	QUANTUM	MECHANICS

Earth Sciences

K	F	P	A	L	E	O	N	T	O	L	O	G	Y	J	T	X	F	D	Q
R	N	D	M	G	H	P	O	S	E	I	S	M	O	L	O	G	Y	K	B
P	G	P	E	B	J	A	T	M	O	S	P	H	E	R	E	D	E	V	S
I	D	J	I	B	L	D	U	V	F	Q	G	G	Q	C	R	F	K	H	T
Y	T	R	Z	B	M	E	V	E	F	B	M	A	W	U	H	B	R	Z	S
C	X	C	X	S	L	U	F	O	B	M	Z	K	W	T	B	Y	E	F	E
G	G	G	L	J	D	T	S	M	L	P	S	N	O	V	P	A	M	B	D
Q	H	D	O	I	J	K	D	D	M	C	A	S	T	R	O	N	O	M	Y
S	Y	A	N	S	M	X	K	D	P	T	A	P	F	E	C	N	K	K	V
O	G	F	T	Z	Y	A	T	X	Y	X	W	N	V	E	E	R	L	S	M
I	T	O	N	R	E	E	T	X	F	I	U	R	O	R	A	R	I	B	T
L	H	M	G	H	Y	D	R	O	L	O	G	Y	N	L	N	U	M	O	D
S	E	M	B	G	K	N	I	V	L	R	G	O	J	D	O	J	S	X	C
C	T	H	F	F	T	P	H	W	X	O	O	K	S	N	G	G	N	X	K
I	Q	V	B	U	S	G	J	D	T	E	G	M	N	P	R	R	Y	N	X
E	J	B	E	H	N	T	L	N	F	P	V	Y	K	X	A	P	R	P	M
N	G	E	O	L	O	G	Y	Y	Q	T	S	K	Y	J	P	W	N	R	Q
C	B	S	M	E	T	E	O	R	O	L	O	G	Y	A	H	N	T	Q	Z
E	E	N	V	I	R	O	N	M	E	N	T	X	R	M	Y	A	O	E	S
I	F	D	U	U	C	X	I	P	Q	R	B	J	H	R	O	M	T	J	S

GEOLOGY
METEOROLOGY
ATMOSPHERE
PALEONTOLOGY
SEISMOLOGY
OCEANOGRAPHY
SOIL SCIENCE
ASTRONOMY
VOLCANOLOGY
CLIMATOLOGY
HYDROLOGY
ENVIRONMENT

Astronomy

M R W Y I T W H T E C X I Q O I G O P R
I G P Z Z A B L A C K H O L E S W V J C
M N J S M O O N S G Q N Q Z H R F M Y N
O O C P J U G B N X E D L Z S A I Z V X
N J O B L K L F M A M E I J W A T Y C Z
Q L S N Q A G S T C N O D B K H M V X C
V C M X A F N Z W W D B T J O Y Y E W O
T J O S S D M E C Y I F X M Y Y Y Y K M
C V L T S N N U T K O N M Y B S D F B E
D C O X R O T P Q S U P E R N O V A E T
S N G W L P I U W A Y Q F Y J H C I M S
V I Y K S Q D R H A S Q W S N I J X P L
W V Y G X M U P F R S S L K Q O P D T G
T S P A A D C A A J O T W L F Y K B Y Q
B G D L D J G T S A Q N E B U L A E V F
U S I A K E S I J A A H J R O Z N F Z W
G W W X X O Z R S K R D X D O P W X I I
H S S I Y I S D P Z D S T F C I M G K Y
V L U E G T W P Q T B L J U R Q D E W G
F I A S T R O P H Y S I C S Z R G S C T

STARS
MOONS
COSMOLOGY
SUPERNOVAE
GALAXIES
ASTEROIDS
BLACK HOLES
QUASARS
PLANETS
COMETS
NEBULAE
ASTROPHYSICS

Geology

D G E O M O R P H O L O G Y F M W W I G
P I E F R N T E C T O N I C S S R S H K
H S Z X B A G M A B O A L Z B N J K S B
B E Y G W S P T I U W I W X K Y T L V E
A D S G L S M Q L N X D R E H L I Y J A
M I C D E H W Q K P E T Q H C S J J D R
J M L H Z S I K C O Z R O P S L J K S T
N E D D D F F E W O X X A O L T J O G H
P N D N E C E G M J V V F L I B H P D Q
C T U J D S Y W F V P O H Q S V U P Y U
K A Z G N V Y Z I S L J L D P H P F B A
Q T A R O C K S C C R L H C I A M Y N K
M I M J G Q V I E B N I C V A C O D Z E
S O J S Y S N X P O S R A L F N P C H S
S N V S H O H H I N F P L A T E O O R P
L O Z T T L T S D L C R B M I R P E H P
M V I C D X O C Y Q T M E Z K Y A D S V
H T E L C R M B G E O L O G I C T I M E
Z T L S E O J P D I O G U S B W C L E Q
J Z N O L N K L J O R N U Z E I A M S O

ROCKS
VOLCANOES
SOIL
GEOLOGIC TIME
MINERALS
EARTHQUAKES
EROSION
PLATE
TECTONICS
FOSSILS
SEDIMENTATION
GEOMORPHOLOGY

Ecology

```
O I N T E R A C T I O N S F I I I E T L B
G K M C O N S E R V A T I O N W W W E E
S E P U P E C Q B F J T N U R P S I A C
P N U Z E M A M G T B T I Y F T G E E O
F O M I E C O M M U N I T Y S E L V C S
B J P U E C B B Y E K R L Q H K O O O Y
H A V U M N O W I U D F W N T K B L S S
Q H G S L T V T H O Q D T O C K A U Y T
E F K X I A B I O R G K A Z U Z L T S E
M J R J P K T I R X F E Y O W S S I T M
N L O J T J C I O O I I O X X E C O E S
O Z A D A A Z G O D N C M G I F Y N M E
J P C N F Q L S K N I M O C R H H A S R
X C A J D N X U G Q H V E L V A D R P V
Y C I Q O S I Z M D G P E N O X P Y A I
B L F L Y I C R E E S X C R T G B H Z C
V I J Z A V O A G Y F H C Z S A Y B Y E
Y J T E N U B U P U A Y T X O I L Q N S
F O M F D N W H O E Q I U B W D T J D S
P G T D Y A A Y G L C R T X F N B Y I Z
```

ECOSYSTEMS
COMMUNITY
CONSERVATION
EVOLUTIONARY
GLOBAL
BIODIVERSITY
SPECIES
ECOTOXICOLOGY
ECOSYSTEM SERVICES
ENVIRONMENTAL
POPULATION
INTERACTIONS
BIOGEOGRAPHY
LANDSCAPE

Evolution

X	T	U	B	I	O	G	E	O	G	R	A	P	H	Y	O	S	B	G	E
A	M	C	Y	E	G	C	P	C	V	K	Z	S	T	Z	C	K	S	W	D
T	W	I	P	M	T	F	V	X	A	Z	C	B	A	L	A	K	H	M	N
P	S	O	C	H	A	U	C	D	J	I	R	A	F	E	V	N	S	Z	A
O	F	S	R	R	E	C	X	O	T	F	R	F	X	C	W	U	F	L	T
T	C	E	P	X	O	O	R	E	E	A	E	K	G	O	M	M	G	E	U
L	Q	N	O	E	F	E	N	O	L	V	J	K	E	L	H	R	Y	A	R
N	S	Z	D	K	C	E	V	U	E	A	O	F	K	O	R	V	M	D	A
U	N	V	U	E	G	I	C	O	I	V	H	L	V	G	D	N	G	A	L
M	E	M	Y	O	V	E	A	X	L	L	O	D	U	Y	G	H	F	P	S
A	Z	P	L	F	L	E	X	T	E	U	S	L	K	T	S	K	X	T	E
W	B	Y	S	O	T	E	L	E	I	V	T	X	U	E	I	Q	E	A	L
N	H	R	M	Y	S	P	S	O	W	O	O	I	X	T	V	O	O	T	E
P	U	W	M	L	C	V	S	Z	P	Q	N	L	O	Y	I	A	N	I	C
V	S	Q	D	X	H	H	N	V	F	M	D	E	U	N	D	O	D	O	T
G	O	U	Z	A	J	E	O	P	C	Y	E	X	W	T	H	F	N	N	I
Y	W	J	T	N	K	L	P	L	I	S	L	N	A	L	I	L	V	D	O
N	T	S	M	F	K	A	V	C	O	X	D	W	T	N	Y	O	H	J	N
F	P	S	O	Y	G	Q	L	K	O	G	Y	F	X	H	U	G	N	W	Y
Q	U	X	U	W	M	C	I	G	T	F	Y	R	X	M	A	Y	M	S	W

NATURAL SELECTION
PHYLOGENETICS
MACROEVOLUTION
COEVOLUTION
PSYCHOLOGY
SPECIATION
MOLECULAR
MICROEVOLUTION
ECOLOGY
ADAPTATION
EVOLUTION
BIOGEOGRAPHY
DEVELOPMENT

Genetics

T P D F C N O C P O P U L A T I O N F M
E K I X L E G O D C U A V I D O F D P I
K G S D A O C Y K B H Q B Y Z F D R Z O
B Q O Y Z A A Z E R P D H Q U P D U F L
C U R C E M G P T D L C W H V D P N I G
N A D G B N U E U A C K P A X S M V A L
H N E Z G P J B N E W O V P I B Q W F U
Y T R X T D P R D T P O C L A Y J F W Z
E I S Z R Q W S J F B D S C Z B R J A G
M T T A D S A G E N E S S V E U F Y H A
O A G D P Q L S C Z U R F Q A R N G Q S
T T M O L E C U L A R N S H B U T I L Z
Y I I X N U S I T C M J D O V F X H N O
N V J L L X M T O M E N D E L I A N G O
C E B E G I K D E V E L O P M E N T A L
N X F T M C O M P U T A T I O N A L S D
J E V O L U T I O N A R Y R C Y Z K G B
J G F N I A V D D U U X Y K L M B F L P
V S S Y E Y B K B M I Y F H W Q D I Q P
X S V G C H R O M O S O M E S T P S O B

DNA
CHROMOSOME
MOLECULAR
DEVELOPMENTAL
RNA
MENDELIAN
POPULATION
COMPUTATIONAL
GENES
QUANTITATIVE
EVOLUTIONARY
DISORDERS

Zoology

W	C	N	K	I	Z	P	S	H	J	E	Q	F	R	S	K	J	H	G	R
W	V	F	S	H	N	L	H	C	G	P	N	B	E	H	A	V	I	O	R
Y	D	A	G	V	B	V	B	Y	T	W	G	D	A	P	V	F	K	J	E
Z	B	A	W	E	J	N	E	W	S	D	Q	S	A	Y	N	B	O	L	M
V	M	N	C	Q	X	I	F	R	H	I	X	N	G	N	D	Z	A	N	C
Z	V	A	K	Q	A	K	T	B	T	V	O	O	A	Q	G	M	E	Y	M
O	K	T	P	A	B	D	P	Y	Y	E	L	L	D	E	I	E	M	M	J
O	E	O	Q	N	V	Q	E	G	V	O	B	R	O	N	Y	O	R	C	X
G	V	M	C	R	V	Z	A	V	I	E	P	R	A	G	N	G	N	E	F
E	O	Y	B	A	W	H	N	B	E	U	R	O	A	O	Y	M	W	Z	D
O	L	Q	S	M	J	Z	N	Y	W	L	K	T	X	T	K	Y	E	U	R
G	U	V	E	P	X	S	L	A	G	F	O	A	E	C	E	M	W	V	N
R	T	F	H	S	E	U	G	V	N	E	T	P	A	B	H	S	V	R	O
A	I	B	Y	N	W	C	C	T	G	C	N	B	M	T	R	J	P	D	Q
P	O	J	S	Z	C	X	I	S	L	O	B	E	H	E	M	A	R	H	F
H	N	H	L	D	V	W	J	E	B	L	N	K	T	H	N	X	T	J	V
Y	A	T	O	O	J	P	I	M	S	O	T	R	D	I	Y	T	V	E	G
J	R	Y	M	C	Q	G	C	F	Z	G	K	O	C	B	C	J	X	H	S
L	Y	H	I	K	P	Y	P	X	B	Y	E	L	I	O	U	S	Y	N	W
O	C	O	N	S	E	R	V	A	T	I	O	N	B	O	M	P	O	E	S

VERTEBRATES
BEHAVIOR
ANATOMY
ENDANGERED
TAXONOMY
GENETICS
INVERTEBRATES
EVOLUTIONARY
PHYSIOLOGY
SPECIES
ZOOGEOGRAPHY
ANIMAL
BIOLOGY
ECOLOGY
CONSERVATION
DEVELOPMENT

Botany

U U A T I V S B A B Q S M Z H Z S X M P
S N X P O E L L T X C A L P Y P R H R J
C W Z Z N Y X Z V I S Y P H A G X L N D
G E F D T F N R T P D X P U Z U P O V E
F T C R I U M E H D A A W D F G I L H T
Z R H O M N N R B S R K G T W T N S O F
W W Y N L E T Q H G B O Y D U O T M J H
J Z C U G O R V O L B M P L I N X B U C
L V M H F M G E O H O G O T A M O I D Y
Q T I B R Z G Y T N D V A L I O P O Y O
W F O E P O C H O U E V P F J R H T W X
T I D U T B S X S H R H C K Y P Y E T C
X Y W Y T S A E N E S Q S M K H S C P G
D A H Y Y T Q N S H R R O J B O I H A D
I P U I F L F N Z T Y T E B R L O N O P
Z Y U W P I O Y G W A D G S T O L O H C
E L R M U C T A Z N V J K J I G O L Z B
Z T A C N Z K S A E D B P O D Y G O W N
W H K E B D E V E L O P M E N T Y G B I
G Z P H O T O S Y N T H E S I S N Y B J

PLANTS
PHYSIOLOGY
EVOLUTION
GENETICS
MORPHOLOGY
PHOTOSYNTHESIS
TAXONOMY
PHYTOGEOGRAPHY
BIOTECHNOLOGY
ANATOMY
ECOLOGY
DEVELOPMENT
CONSERVATION

Microbiology

G	B	W	U	E	B	B	J	W	J	U	F	U	N	G	I	Z	G	X	O
R	B	U	I	E	Y	Z	K	D	V	V	H	V	V	I	X	A	U	R	T
R	M	K	O	J	H	M	H	A	I	N	Z	C	L	F	G	X	M	U	C
C	E	M	H	Y	M	Q	S	I	X	A	E	F	D	K	G	R	U	K	X
B	P	X	I	E	C	O	L	O	G	Y	W	M	M	S	F	Y	X	B	C
C	W	I	O	C	G	P	M	O	O	F	Z	R	F	E	R	L	N	T	H
T	I	R	M	A	R	A	R	H	G	R	V	S	I	G	H	C	X	B	H
O	X	A	S	M	X	O	G	O	E	E	E	D	N	S	J	M	X	R	G
P	M	X	L	D	U	X	B	Q	T	H	N	L	B	G	V	F	E	I	H
L	D	Y	T	W	Y	N	K	I	T	O	O	E	M	P	U	B	N	L	E
X	X	O	I	E	J	I	O	N	A	S	Z	S	T	J	U	P	M	I	U
H	D	W	W	X	L	Y	R	L	T	L	I	O	S	I	W	H	W	M	I
X	V	I	R	U	S	E	S	R	O	L	A	E	A	M	C	Y	G	L	M
U	H	Z	Y	C	N	R	Z	T	O	G	H	Z	R	B	C	S	V	K	S
M	Y	O	C	B	T	P	G	B	X	T	Y	D	C	F	T	I	H	O	Q
C	A	R	H	A	W	A	A	Z	S	R	B	C	O	Y	Y	O	H	Y	D
D	C	O	I	I	U	T	S	D	R	Y	F	L	E	P	N	L	W	J	Z
Q	O	F	B	J	E	Q	Q	X	R	E	J	X	V	B	R	O	M	O	J
S	F	X	F	M	T	T	Y	B	A	C	T	E	R	I	A	G	N	Q	S
A	X	M	S	S	S	K	S	I	Z	N	F	X	L	P	L	Y	E	S	T

BACTERIA
PROTOZOA
GENETICS
PHYSIOLOGY

VIRUSES
MICROBIAL
IMMUNOLOGY

FUNGI
METABOLISM
ECOLOGY

Physiology

S H U C A R D I O V A S C U L A R U H R
Y B Q M N E U R O P H Y S I O L O G Y C
L J B M Q S C Y B Q A Q X Y J H I H X E
M P J A E E M K J A K S Y S T E M I C L
W D R L N O L M P L Y J T N I C L G H L
B O N J T G D U C E J J B E J M U O Y D
N D N A N C I S A O H R K N B L I G J Z
T N N E N D O C R I N O L O G Y O N Y C
E A L Z Q S H L F T N A A J P L H G Y I
C O E X L W J E D Y L U J E O J O R R H
U R J Q L H U O I P W O T I I L O B E I
D G S U A K S G G N W P S W O T R Q J S
U A X F B E G P E J X Y Z N A T Z R C T
U N O F I F P L S M H I U R K O X K W R
M X O Q Y E C D T P F M I W S X U R G V
S O F C K B T N I T M P F O Y J S E A J
D G T T B K J M V I S Y H K K U N N A Y
H H M O D D M V E E J H B L P E Y A M T
D Y A A R X H V R P N Y H Z H G Q L I B
D E V E L O P M E N T A L C J N G M N V

ANATOMY
ORGAN
ENDOCRINOLOGY
DIGESTIVE
IMMUNOLOGY
CELL
SYSTEMIC
CARDIOVASCULAR
RENAL
DEVELOPMENTAL
PHYSIOLOGY
NEUROPHYSIOLOGY
RESPIRATORY
MUSCLE

Classical Mechanics

G G G L N O K J P T B J Y J Y K V G Q P
S L R G K B Y P N D R E A Y W E N X C T
E P E B F K E T Q M T C L G L L Q Y C A
Q H O O K E S L A W I I U U T A I S H S
J Z L F K E I S E N U P X X X S N Y A D
D F B T E Z Y D O Y H N R R G T E I O I
M V D X X Q X M I S O O K F G I J L T R
E T A A W D R I T F M M S E X C B R I E
C E M S M A U I M L M F Q Y T I U F C L
H N D S H P B L P H Q V O L K T C E O A
A E L E G R E M O T I O N R A Y Q F N T
N R M Q O R G D M H Y N P L C W D R S I
I G B O Y J K M O U R F Q G D E S I E V
C Y M V M K S I T C C R C N Z G D C R I
S K X Q Z E X T I R D P O S R X S T V S
X I I F X A N X O Z U T E E Z F Z I A T
F G B D M D Z T N H W E O W U H X O T I
D R K Z M X I U U E E A A C D L E N I C
J P Y C F S Y T N M V G Y I U I Q S O L
X C O O S C I L L A T I O N S E G F N U

NEWTON
ENERGY
FRICTION
HARMONIC
OSCILLATIONS
RELATIVISTIC
LAWS
MOMENTUM
ELASTICITY
MOTION
FORCED
MECHANICS
CONSERVATION
ORBITS
HOOKE'S LAW
DAMPED
CHAOTIC

Electromagnetism

S	A	X	N	Q	S	P	E	C	T	R	O	S	C	O	P	Y	S	S	J
X	A	E	Q	F	I	S	H	U	K	T	D	R	Y	Q	J	A	E	U	E
M	A	X	W	E	L	L	S	S	K	B	C	R	O	F	M	L	R	P	L
G	Q	P	H	Y	S	I	C	S	R	O	M	M	O	S	W	T	V	E	E
C	C	T	I	K	S	H	Z	S	D	A	C	A	A	U	A	T	M	R	C
M	Z	K	D	C	K	E	L	R	R	V	D	L	G	U	K	D	B	C	T
P	K	G	A	Z	S	A	L	S	I	X	P	I	Q	N	S	D	P	O	R
Y	V	L	T	W	I	A	N	E	E	D	J	B	A	X	E	M	T	N	O
Z	Q	Y	K	R	Q	O	H	D	C	T	J	V	A	T	P	T	S	D	M
N	U	C	E	T	I	P	U	U	R	T	T	Q	P	N	I	V	I	U	A
Q	C	T	X	T	Q	W	Q	U	Z	Q	R	L	G	S	O	O	I	C	G
I	A	K	A	H	F	A	R	A	D	A	Y	I	T	U	G	L	N	T	N
M	N	U	U	D	X	C	V	O	M	N	Z	I	C	C	Y	L	G	I	E
H	Q	D	X	K	X	Q	E	Z	C	K	U	K	I	X	P	R	X	V	T
E	Y	V	U	Q	Q	D	Q	W	H	C	B	V	L	Z	L	V	J	I	I
T	G	V	E	C	O	W	I	S	R	Z	V	L	G	A	U	G	Z	T	C
K	H	A	R	A	T	D	P	I	F	E	B	K	T	L	G	W	D	Y	W
Y	N	J	V	W	E	I	C	X	F	S	O	Z	O	E	H	D	B	O	E
E	R	D	S	F	U	N	O	Z	T	F	E	V	B	I	L	Q	G	C	P
U	X	S	J	Y	U	W	X	N	F	C	O	K	S	M	X	Q	C	J	E

ELECTRIC
EQUATIONS
FARADAY
PLASMA
MATERIALS
MAGNETIC
ELECTROMAGNETIC
CIRCUITS
PHYSICS
RADIATION
MAXWELL'S
INDUCTION
SPECTROSCOPY
SUPERCONDUCTIVITY

Thermodynamics

A	P	C	H	Y	I	T	T	C	W	B	H	L	C	S	M	V	X	Q	V
O	X	O	A	P	H	A	S	E	T	R	A	N	S	I	T	I	O	N	S
E	E	W	I	N	T	E	R	N	A	L	U	Y	U	R	I	K	A	C	J
L	C	N	A	N	E	N	E	R	G	Y	V	G	P	H	J	W	Q	R	D
Q	T	E	M	P	E	R	A	T	U	R	E	E	M	Z	R	I	W	P	O
D	Q	P	B	P	H	E	A	T	H	X	A	T	N	R	G	R	P	M	L
P	K	S	H	T	Z	S	O	U	B	K	C	J	X	T	O	H	A	C	W
L	O	E	H	O	J	M	P	S	L	U	A	G	X	Y	H	E	R	M	V
S	E	T	V	Z	M	M	W	M	K	W	B	R	C	Q	S	A	O	E	B
A	J	N	E	U	A	A	E	E	H	K	V	B	Z	N	J	T	L	D	I
D	K	E	T	N	L	B	A	A	L	H	P	X	V	H	I	T	P	P	P
R	D	O	S	R	T	R	A	A	D	L	U	R	D	H	N	R	R	N	Y
M	M	G	S	A	O	I	U	Z	M	E	F	S	B	H	J	A	O	V	N
L	M	B	O	Z	F	P	A	G	Y	J	M	J	J	Z	W	N	C	S	X
H	L	D	U	M	M	B	Y	L	C	Y	C	L	E	S	X	S	E	U	B
O	O	P	J	R	A	Z	Q	A	S	O	T	D	G	U	C	F	S	P	V
E	R	R	Y	K	V	Z	Y	F	T	S	K	X	I	D	W	E	S	R	V
R	F	F	N	H	G	O	E	S	W	A	N	L	A	B	Q	R	E	P	X
E	V	G	H	X	W	S	T	H	E	R	M	A	L	V	H	Q	S	M	P
B	E	X	Q	M	J	C	H	U	O	R	J	B	T	B	X	T	X	G	Z

HEAT
TEMPERATURE
ENTHALPY
PROCESSES
PHASE TRANSITIONS
THERMAL
LAWS
ENTROPY
CYCLES
ENERGY
INTERNAL
HEAT TRANSFER
POTENTIALS

Quantum Mechanics

H	J	P	A	L	I	D	X	G	S	G	T	A	H	F	J	I	I	J	O
K	U	F	K	S	O	L	I	D	S	C	V	N	J	A	Z	S	C	Y	Y
D	C	E	S	S	J	N	P	M	E	Y	R	Y	O	D	L	I	F	H	U
D	X	T	U	N	N	E	L	I	N	G	O	T	I	Z	H	Q	M	M	Z
B	R	T	D	L	T	R	L	T	N	N	R	U	R	V	V	E	O	W	C
U	R	X	J	K	X	N	B	X	D	F	Z	A	T	O	M	S	L	R	Z
L	D	U	N	W	E	N	T	A	N	G	L	E	M	E	N	T	E	E	G
H	B	W	X	G	A	M	U	V	D	B	P	W	Z	F	N	Y	C	M	U
M	G	H	D	F	J	V	H	O	G	U	I	D	B	P	M	R	U	U	O
C	R	S	X	N	L	E	E	I	D	V	A	B	W	T	U	C	L	R	U
X	L	T	L	I	G	H	T	P	U	X	J	L	N	B	G	W	E	A	G
O	E	Q	U	A	T	I	O	N	A	G	S	J	I	M	C	F	S	I	N
R	P	A	R	T	I	C	L	E	S	R	E	A	C	T	U	E	Q	R	B
D	K	D	P	U	C	V	X	Y	E	Z	T	D	U	V	Y	W	O	O	R
S	T	A	T	E	S	D	U	P	X	D	P	I	I	N	Q	M	K	O	T
P	P	L	C	R	P	Z	P	P	G	O	P	Z	C	A	H	X	G	K	J
Y	Z	Q	U	V	I	Z	K	R	S	V	X	I	E	L	O	N	W	L	A
N	W	F	I	E	L	D	T	H	E	O	R	Y	K	V	E	S	H	L	P
X	H	Q	X	L	R	B	B	W	Z	W	Y	F	F	E	J	X	Y	S	W
Y	J	V	R	Y	X	I	Y	R	C	B	E	Q	C	H	W	S	Z	T	Q

WAVE PARTICLE
STATES
FIELD THEORY
SOLIDS
DUALITY
ENTANGLEMENT
ATOMS
LIGHT
EQUATION
TUNNELING
MOLECULES
PARTICLES

Relativity

```
Y Y W P A R T I C L E P H Y S I C S C P
P R J J U B F H N G J U S M D G U H K P
G I L M B S A E H W T D N O Z A L L Z C
R X V L A L F H T Q Y E G D A V A M B V
E X E L R U G R Q R F S B E W N U T H R
O Z M L V E R D N J O A T L O T C H T I
W I Z F J L U B W C L Y M I N M Q E C E
E Y H M J S L E A L C C T E S E M R G E
Z Q G B U A M M V B I A M C Y C J M C J
W I C H R Z F X E T T O I T Y H I O O V
M U N E J X C Q S I M S I W E A Y D S Y
W Y N C O B S I V S Y V X U W N I Y M W
S E J G W Z V A A H I I B O E I I N O S
G Z F H F I R H P T D E P P L C Q A L P
F B G W T G X O A N W W N S O S I M O E
I R K A O E R L Y P Z F Z E K V H I G C
J K L P H T E N B A I Q K Z R D K C I I
S E A E S R G K S Y P D S T B G N S C A
R R E A L Q R C O Z C M T P E H Y W A L
J J Y J V H T U Y B L A C K H O L E L Z
```

SPECIAL
RELATIVISTIC
GRAVITATIONAL
MODEL
PARTICLE PHYSICS
RELATIVITY
MECHANICS
WAVE
ENERGY
ASTROPHYSICS
GENERAL
BLACK HOLE
COSMOLOGICAL
MOMENTUM
THERMODYNAMICS

Optics

W X A C O M M U N I C A T I O N A F D I

F D A J T A I V X F G G G S V P K D S V

Y E H F I N T E R F E R E N C E U I N L

I V M B C O P T I C A L F I B E R F K X

R I F O I R N F C V C B Z D Z L C F U X

R C B W Q Q W Y U C I M A G I N G R V C

S E P H O T O N S R X F P R X A B A C U

T S U R E F R A C T I O N E G S G C Z Y

J R D R A G R H K H I Y R U P Q C T T Z

W G O H K E C Y N W F A W D P S K I E A

U P R E Z F U D Y O I V Q C R Q V O V F

M J L Q W G R O L X K U V E F J T N V L

I R S F C F V H H I E U S C T F W J C L

H P E J V C P V C B G A U Z X T H V N M

I S E K E Y P W J G L H M R A T V H I Q

C C R E F L E C T I O N T U J T Q M W Q

Q L L P A P U E P O L A R I Z A T I O N

G N P A A Z K O E K Z P Q N O G M B E L

X X C B T H P G Z C B U K W M N B T P Z

N B Y V X B Y E E T Z X W N T B X B O Y

LIGHT
DEVICES
REFLECTION
PHOTONS
LASERS
INTERFERENCE
REFRACTION
COMMUNICATION
OPTICAL FIBER
DIFFRACTION
POLARIZATION
IMAGING

Meteorology

```
B C G B I Z D S Y W V H O C Z D M F V S
V O W N C Q A R F R O N T S E S T D H T
P V Z L A T M O S P H E R E R K Z G Y B
D N J N K N C Z Y P R E S S U R E G T F
C I N C T E N L C C Y A A N E D I Q J F
G Z C K B D Z I O I I Q Z N P E Y R S D
K U D S N Z K F U U B F O J Y G E A S D
X O P I C U O W E C D I C Y X H H K I Q
V W W J P H V K A H T S Z L T Y N X E I
J E T S T R E A M A U B L A N L Y R B C
W U V Z J L T L T K P M E P K R U P P T
Y V N Z U Q W I U R O W I H E T V L H Q
T B M A P U P Y E D E Y T D A C N D S N
P U W Z Z I H H H R D S W R I O O M Z A
W G H B C D T A E D K H E W O T R M I Z
G L A E Y A Z V C M T P C B A O Y M B L
H N R Q E P E S D B M Q F D T E P H S B
S P P W F S I A O E W Y V S S M S U X D
W U I H F J A I T N R A W Z X A O C S X
E O V E L T I U N N Z Z J Z M E H H E C
```

WEATHER
STORMS
CLOUDS
WIND

ATMOSPHERE
FRONTS
HUMIDITY
TEMPERATURE

PRECIPITATION
JET STREAM
PRESSURE
SEVERE WEATHER

Oceanography

O K A S E I O J J G C Z G J E S M C J B

U I Y U S E A P T V E G M E E A C T D T

U Z M Z P T I D E P D O G G O N N B S J

B O C P G N R B W U D M P P T E B P V V

M H G Y K W O I O O J A B H R P T X C N

Y D C F U P G E I X M N V R Y E X C O I

S T D K L T E G L C M X U W F S P R P G

W M Y I X J O G C M E C Z O B X I Y E V

P A J U T G L D V W C M O E I U G C B J

N R V Y S L O H G M O Q M X E O L N S I

C I J E G N G A Y J L E C V L P H Q K V

H N K N K J Y D L S O E H O Y W J S V R

G E R G X O S Q C E G D E P V U Y L U M

G L B J K E K I H F Y A M O L F X X B A

G I X N S G S W A K H W I Z Z Y D R O Y

P F W K B Y X P B C K U S W A D N R C L

H E N T H T N W R N F I T Y N A B N C T

N L A P L G V A W Y I E R J E Q C L Y K

O C X L N P C E V U J V Y C I I L Z Z Q

Q M L B R M Z H C Q A O O T Y A U P Z Q

SEA
CURRENT
GEOLOGY
ARCHAEOLOGY

OCEAN
TIDE
CHEMISTRY
ECOLOGY

WAVE
MARINE LIFE
PHYSICS
GEOPHYSICS

Atmosphere

C	A	Y	S	Z	U	A	O	N	Z	L	L	D	B	Q	C	Q	S	S	B
V	C	I	U	H	J	F	A	F	Q	G	S	H	P	I	R	C	A	G	K
T	M	P	F	G	F	P	K	C	O	K	T	P	Z	N	H	E	E	F	M
W	H	E	E	R	N	J	B	I	Q	O	R	M	G	N	Q	Z	R	X	E
H	E	E	S	B	D	H	N	Z	Q	L	A	Y	J	Q	U	M	O	W	T
O	A	A	R	O	S	H	R	V	W	H	T	Y	V	V	B	T	N	G	E
T	B	C	T	M	S	J	O	V	O	G	O	H	I	X	J	R	O	V	O
R	S	A	L	H	O	P	G	N	G	A	S	M	L	B	B	R	M	C	R
O	R	M	Z	A	E	S	H	Y	I	S	P	G	N	L	L	X	Y	R	O
P	P	I	X	C	E	R	P	E	N	E	H	N	G	J	J	U	H	C	L
O	A	L	V	X	G	X	A	H	R	S	E	O	I	J	E	W	W	B	O
S	B	I	H	F	U	M	O	U	E	E	R	S	F	N	D	F	W	R	G
P	I	H	R	M	U	M	K	S	R	R	E	Q	O	F	C	I	N	I	Y
H	N	F	R	R	K	C	N	F	P	B	E	Z	N	Y	L	Q	T	T	R
E	S	V	G	X	P	D	U	P	S	H	O	L	Q	I	I	E	V	P	W
R	E	W	P	P	I	N	X	X	U	S	E	P	C	Q	M	Z	H	D	R
E	L	D	V	T	V	G	M	P	S	C	Q	R	T	E	A	G	R	S	C
S	A	P	F	A	M	D	V	Z	J	U	X	V	E	I	T	N	C	S	X
M	Z	C	Q	S	V	E	N	V	P	M	I	S	R	Y	E	I	C	U	U
I	Q	V	Q	F	B	P	F	W	O	S	Q	Y	W	J	R	T	S	X	H

AIR
CLIMATE
TROPOSPHERE
EXOSPHERE
GASES
OZONE
MESOSPHERE
AERONOMY
WEATHER
STRATOSPHERE
THERMOSPHERE
METEOROLOGY

Climate

A	Z	W	E	M	O	V	Y	J	D	G	R	U	H	M	J	A	I	T	T
T	W	W	S	V	C	P	F	C	N	H	M	V	J	C	E	U	V	F	C
M	D	S	U	Y	S	O	Q	I	G	U	P	A	T	T	E	R	N	S	L
O	A	Z	J	L	K	X	M	Y	E	X	F	Z	Q	N	V	E	X	X	I
S	Y	Q	J	L	Z	R	E	C	P	Y	O	Y	I	A	Z	Y	L	K	M
P	T	O	V	H	A	V	A	R	I	A	B	I	L	I	T	Y	T	M	A
H	R	W	D	W	H	I	L	D	Y	S	V	V	N	R	S	I	O	P	T
E	W	F	X	X	L	A	G	N	S	C	F	W	N	N	P	L	C	A	E
R	A	P	B	J	B	A	M	R	W	Q	F	X	V	R	Y	S	E	L	C
E	U	N	X	O	O	N	K	L	E	E	L	W	U	B	N	D	A	E	H
G	O	M	L	P	N	K	D	M	S	E	A	Z	O	V	H	Q	N	O	A
V	R	G	P	Y	E	U	D	O	Y	X	N	T	A	X	X	N	C	C	N
G	I	G	C	H	V	T	M	D	B	O	G	H	H	S	V	L	U	L	G
P	I	C	E	A	G	E	F	E	H	G	D	P	O	E	F	L	R	I	E
E	R	W	I	P	D	B	K	L	D	M	L	G	G	U	R	Q	R	M	U
J	O	B	I	Q	Y	G	Q	S	Y	M	N	A	G	S	S	P	E	A	Z
Z	U	Y	Q	O	W	E	O	O	C	M	X	S	J	X	X	E	N	T	I
A	U	R	P	J	U	N	R	B	A	J	I	E	S	V	D	I	T	E	A
I	H	A	D	K	Z	I	X	E	S	Z	D	S	T	T	Z	E	R	Z	Y
M	L	U	O	S	Z	C	J	R	F	C	J	F	R	L	I	R	N	B	K

WEATHER
WARMING
ATMOSPHERE
CLIMATE CHANGE
VARIABILITY
PATTERNS
GREENHOUSE
OCEAN CURRENT
MODELS
GLOBAL
GASES
ICE AGE
PALEOCLIMATE

Ecosystems

G	I	G	E	M	U	S	G	A	R	D	H	Z	G	J	S	M	U	S	J
E	N	L	R	T	C	K	Z	W	I	K	B	A	O	M	C	A	X	R	K
B	B	I	O	D	I	V	E	R	S	I	T	Y	B	Y	M	V	H	W	K
I	F	B	Y	L	X	Y	V	B	U	E	E	I	T	I	X	D	A	J	C
O	T	X	Q	S	C	G	R	Q	C	Q	L	I	W	N	T	M	N	Q	C
G	F	O	O	D	W	E	B	F	P	Y	S	O	A	O	O	A	N	O	Q
E	E	W	X	K	D	O	T	A	T	R	C	W	U	S	P	O	T	E	V
O	C	P	Q	A	W	S	T	N	E	B	O	L	S	Z	I	R	S	S	J
C	O	I	E	A	I	L	X	V	W	L	S	E	E	T	I	U	S	T	E
H	T	H	P	Q	E	D	I	G	F	E	I	A	A	S	D	M	W	W	Z
E	O	T	A	Y	L	D	C	Y	I	T	U	V	Y	N	E	S	G	X	Q
M	N	W	O	T	O	C	G	C	I	P	R	O	A	T	Q	R	Z	R	G
I	E	Z	W	I	V	R	E	N	G	E	M	L	S	O	I	X	H	B	Y
C	S	J	B	B	E	P	U	W	S	L	Y	Y	G	H	F	T	V	I	Y
A	W	R	L	N	S	M	S	N	H	X	S	Z	J	O	K	X	Q	Z	I
L	F	P	E	Q	M	G	O	I	R	O	O	E	H	N	F	H	C	F	P
D	M	G	M	O	A	C	O	S	C	G	B	U	O	V	B	S	N	R	B
U	A	I	C	W	B	U	Y	E	K	R	Z	B	E	O	C	B	T	H	Q
W	R	A	J	L	M	X	O	T	G	D	B	X	W	O	G	G	K	N	Y
N	R	G	B	T	M	X	A	A	L	D	F	B	D	S	D	V	R	P	F

BIODIVERSITY
COMMUNITIES
BIOGEOCHEMICAL
LAND USE
HABITATS
FOOD WEB
CYCLES
CONSERVATION
SPECIES
ENERGY FLOW
ECOSYSTEM
ECOTONES

Biodiversity

Z I U N J C W J U C A D M T N B C W M B
O Y K E N D A N G E R E D Z P T C H L R
R N E I N T E R A C T I O N S Q K A T T
W X Q V T E V O L U T I O N T K C B L X
V D Q P E X T I N C T I O N Y I Q I D D
F B I O D I V E R S I T Y G G U O T S U
D H X P T D L U V F A R O O Y F S A J B
C W H O T S P O T S M L L R B E Q T X R
D K N M A T O T V S O O Y P I C E L V O
F X C L Y V U W O C I U J C F V C O A Z
V X C E V U D D E B Z Q E K B T O S P R
G D D N E R I A Z B R P S I X I S S L K
E R N G M V V F N W S J T G F K Y X S Y
N H B U R T E Z C V W J V Q A Z S X U D
E Z Z W L R R H S K J H N E L K T R I A
T S U C O N S E R V A T I O N F E Y N A
I Z P B U Q I M Z I O T B N G S M L D L
C Q A P P F T F C O T X C F N A S J H F
V Q W P E R Y B D G I D A W G U F R H F
E O U T E Z F S P E C I E S L K J B U I

SPECIES
DIVERSITY
EVOLUTION
BIODIVERSITY
BIOLOGICAL

ECOSYSTEMS
ENDANGERED
ECOLOGY
HOTSPOTS
INTERACTIONS

GENETIC
CONSERVATION
HABITAT LOSS
EXTINCTION

Conservation Biology

A V H S N U V E Y Q H W H Q E C R A G T
J N T E W T N A W X W E D L J G V D Y O
C I K K P Y Y N O Y L M B M A F E G F M
M D P R O T E C T E D A R E A R O H R P
C E C E H D E M F P N K V L E L U J H J
O V X W Q P Q W H I O U H G O S G Y I O
N E P H R M Y X A G Q O N C K I T J E G
S L Y X S L Z T S R S A E L Z I S F C J
E O U U G L S C I E D S A E S S M X O N
R P F U V U I J I N N M Z R O B H W S V
V M C B S T W C E G O E E L D N P G Y A
A E T S E F E E J H F V T D N G E U S G
T N G N K P S A N I I A R H I S G H T M
I T E F S D K S L D T X S T V C P I E X
O G R M F O Z D O I T Z S I E H I X M O
N B U C V U L I B A N D M G B V O N S T
W J J O A I B A D I Y M M W V W I I E S
P R J I W H H D I X L D N Q V U E B Z K
R U S F E N V I R O N M E N T L F Q L W
K N A M J Z K I G N X W E Y V D R D P O

BIODIVERSITY
HABITAT LOSS
PROTECTED AREA
DEVELOPMENT
GENETICS
ENDANGERED
CONSERVATION
ECOSYSTEMS
ECOLOGY
MEDICINE
SPECIES
WILDLIFE
SUSTAINABLE
ENVIRONMENT

Evolutionary Biology

W M H W A L T A D A P T A T I O N J X W
C M F H T B T R O H M N H G N R N V Q V
N O I V P I M S W U T R G I B C S N M T
C L V Q O O U I O Y I W C V G Z O G N K
E E A K U G C V C S J R Y Z L I I E S B
H C M F S E T O I R G F V E T Y M T C V
P U A M E O P I E R O P J A C P I A N M
H L C H L G U I C V P E I R O Y I M O M
Y A R M E R L J Z G O C V L B F K R R U
L R O O C A M B P H E L E O N Y M B X T
O S E O T P N X B P K V U Z L I U P H Q
G Q V K I H A G S M E W B T M U I J Q F
E K O X O Y T O E D H G S N I B T H J J
N H L E N L U Z C F T L H Z U O Q I Q J
E V U V L W R W O Z W Q Z V U D N M O B
T T T F A L A L L F K N D Q O Z L U U N
I T I K L X L S O F H D C U B U T H E K
C F O H G Y U M G Z E V O L U T I O N E
S P N Q N F W R Y U P S Y C H O L O G Y
V Z J Y D B O J U I U F P J C Y X L K E

NATURAL
SPECIATION
EVOLUTION
BIOGEOGRAPHY
DEVELOPMENT
SELECTION
PHYLOGENETICS
MACROEVOLUTION
COEVOLUTION
PSYCHOLOGY
ADAPTATION
MOLECULAR
MICROEVOLUTION
ECOLOGY

Environmental Science

Y	X	C	O	N	S	E	R	V	A	T	I	O	N	Q	W	C	D	S	R
P	E	W	M	D	V	P	D	W	Q	E	Q	B	T	C	L	E	E	C	S
E	E	W	G	S	T	Q	X	A	T	Z	T	P	X	X	G	R	C	B	U
S	C	O	Y	H	V	X	F	A	P	W	V	Z	R	I	I	E	O	K	S
P	P	B	V	V	E	Z	M	R	E	N	E	R	G	Y	G	N	S	P	T
J	X	L	I	T	E	I	B	P	A	K	A	Y	A	B	Z	E	Y	U	A
Q	S	B	P	H	L	Q	V	I	S	O	S	Z	V	S	W	W	S	A	I
E	F	Q	T	C	P	Z	E	D	C	C	L	H	P	L	L	A	T	E	N
E	I	A	Y	C	X	T	U	T	D	G	A	K	M	L	N	B	E	C	A
I	T	E	G	S	I	K	N	A	T	U	R	A	L	X	J	L	M	O	B
B	C	P	I	B	I	O	D	I	V	E	R	S	I	T	Y	E	S	L	I
O	K	R	O	R	A	V	N	M	H	A	P	O	L	I	C	Y	H	O	L
W	P	A	E	L	X	Z	O	K	K	S	A	D	O	F	Z	F	X	G	I
B	S	H	J	S	L	M	A	K	S	I	Q	V	K	C	Y	P	Y	Y	T
W	D	Z	A	W	O	U	R	O	P	Y	U	Y	E	X	Y	D	Y	Q	Y
L	A	F	M	N	N	U	T	I	K	S	U	Q	S	W	G	X	K	S	S
H	E	A	L	T	H	H	R	I	T	K	E	R	B	T	H	F	T	U	O
G	K	O	Z	H	C	B	L	C	O	R	F	E	B	T	D	H	H	Z	D
V	A	Z	P	Y	U	T	S	P	E	N	O	Y	I	Z	J	V	Z	B	O
R	S	V	O	T	I	O	C	J	F	S	A	A	T	L	D	X	A	J	M

ECOLOGY
CLIMATE
ECOSYSTEMS
NATURAL
POLICY
SUSTAINABILITY
POLLUTION
RENEWABLE
RESOURCES
BIODIVERSITY
CONSERVATION
ENERGY
HEALTH

Elements #1

B V Q Z H Q D I W W G X G L Q K E W L H
J C N B H E L I U M Q Z L R L N C C F R
C I P I J Z E H R C Z T W C H C R A L V
N C S V T H I J C U U C S H A I Z R F E
O J E J T R O M C M C W M S L S R B E Y
C Y C G B S O N E M M U Q T M R M O J N
Z S S I A M O G U O I B U U R U I N G L
L H F Y V R R I E S K C I O Y Y A R S Q
I Y Q Z O L H Y E N I L G X O J X Y Z N
A D N B H T Y N I K L P K Y W S V B P C
F R I H I M G S T Y B Z V G L N I W U K
O O R L M A M F R P Z W H E O X H X K U
N G H M M K Z E L C O U Y N U D Z F J N
A E Q C R R B Z N U O Q F Z J A P A I E
G N N S G J M K G K O H Y K P W S R B O
U U U R J U B T U R O R F B H F G Z C N
D J Z L I T Q X F E O R I M A S L K T X
Y Q A D J L T R H W T K N N Z I P G E A
P I O U T H J G G D A Y J M E E E M F S
F S P N Q R O L V E Z K N L E N S W L P

HYDROGEN
HELIUM
LITHIUM
BERYLLIUM
BORON
CARBON
NITROGEN
OXYGEN
FLUORINE
NEON
SODIUM
MAGNESIUM

Elements #2

N	W	T	R	N	Q	T	G	R	I	I	S	F	S	K	E	U	Y	O	T
X	U	R	O	S	V	M	Y	I	T	U	X	E	F	V	Y	B	N	H	V
W	Z	Y	A	R	I	M	K	Y	R	V	N	M	S	I	N	T	T	J	A
T	E	V	K	H	A	F	J	O	O	I	K	Q	J	U	E	Q	F	M	N
Y	B	C	B	E	L	N	H	B	R	J	G	Z	J	A	L	U	Z	Z	A
I	X	O	H	U	T	P	S	O	Z	L	P	T	N	A	R	F	Q	T	D
T	R	U	E	M	S	D	L	T	K	X	C	Y	F	P	N	G	U	X	I
O	K	U	U	O	U	H	Z	I	S	K	Z	H	W	U	R	E	O	R	U
U	X	V	H	W	C	E	P	T	D	W	E	T	R	M	Q	N	J	N	M
S	C	P	N	Q	D	N	I	A	C	P	X	T	O	O	Z	X	H	F	X
L	U	I	N	S	F	W	A	N	K	O	D	F	S	G	M	R	L	M	M
K	Q	A	V	C	C	S	J	I	U	T	O	X	T	V	Z	I	U	X	R
A	K	C	L	U	Y	A	Y	U	W	A	V	S	V	R	N	I	U	R	Y
M	F	J	R	U	L	I	N	M	K	S	J	S	I	O	C	T	T	M	Z
K	J	L	H	J	M	T	B	D	U	S	Y	Y	O	L	T	F	T	B	C
C	F	F	W	H	M	I	L	F	I	I	B	H	A	W	I	C	M	X	P
G	H	B	Z	N	S	K	N	W	I	U	Z	C	I	M	S	C	D	P	Y
L	I	H	J	R	G	Q	R	U	U	M	M	C	K	F	Q	J	O	G	Q
N	J	K	K	W	O	F	W	N	M	H	X	M	S	E	I	X	J	N	F
V	M	D	O	O	N	F	M	I	R	N	K	T	B	R	T	S	R	W	O

ALUMINUM
SULFUR
POTASSIUM
TITANIUM
SILICON
CHLORINE
CALCIUM
VANADIUM
PHOSPHORUS
ARGON
SCANDIUM
CHROMIUM

Elements #3

Q D K S H I Y R R I G O V R S C I J D L
Z P H X J S Z K M E J U O E I I D F E L
Z T Q E E C S I I E X I S N C O B A L T
X P S N G O S E N B U V E C L E N B G P
S B O M I Q R H L C R S R A W I L Y Y G
X T J A D C P O Z E R O T P R T U Y Q I
B T F N E F K L O A N Z M Y W D Y O U M
F N U G P H Q E N A V I B I B K K S U R
H Q F A Q K Z W L A K U U B N Q H I Y D
Q A D N H U K K V J H Z D M W E N E Z J
U R X E U U Y R T X J G U L K A E V E Z
G G F S H N B Y X G D V F N M U R U P F
N Y O E J I G P N A U B Y R I E L Z W L
F I Y M R C C T W L K H E W P N C R F V
Z V K Z P B P O C L M G B P W D Z Q B L
X Y E C U V P N S I N E O K H N N T T N
E Q E S K Z Z P H U C C W A I R O N H F
W M Q V C B V S F M C U I H Z C X P N D
B I J O M E Y C W Q F H C B K W V J V Q
O Y D G R I M P F B F A U M Z K Y K V K

MANGANESE
NICKEL
GALLIUM
SELENIUM
IRON
COPPER
GERMANIUM
BROMINE
COBALT
ZINC
ARSENIC
KRYPTON

Elements #4

M	E	K	D	H	T	T	L	N	W	J	K	Y	W	O	N	O	E	T	L
F	O	P	I	B	R	U	B	I	D	I	U	M	G	D	I	P	Y	Q	P
P	N	L	M	S	I	U	Y	T	S	I	N	E	W	L	O	X	F	K	K
R	M	I	Y	U	X	S	M	J	I	X	P	P	G	N	R	T	X	S	K
L	U	J	W	B	K	J	W	Y	L	H	J	T	C	D	J	Z	K	L	V
R	L	T	Q	G	D	H	F	T	V	K	C	K	E	P	R	T	M	R	P
Q	F	K	H	Q	T	E	Q	L	E	Y	T	T	R	I	U	M	G	H	S
F	C	N	X	E	O	T	N	B	R	B	S	N	F	E	A	B	R	I	V
D	F	T	X	D	N	O	A	U	R	P	A	L	L	A	D	I	U	M	G
A	V	W	I	G	Z	I	Y	J	M	V	H	K	U	P	L	Z	U	B	M
O	T	V	D	Q	I	D	U	U	Z	C	T	A	V	L	E	M	P	U	Y
C	M	Y	X	W	R	F	W	M	J	R	K	H	Y	W	X	Y	I	A	R
C	P	Z	V	K	C	V	G	V	N	I	O	B	I	U	M	T	P	U	H
K	F	S	T	R	O	N	T	I	U	M	H	E	V	O	E	H	D	A	O
D	V	A	E	F	N	I	G	Y	P	R	W	H	Z	N	F	W	Y	O	D
D	L	A	A	B	I	G	L	I	I	W	W	A	H	B	X	Z	K	J	I
M	T	N	X	Q	U	Z	P	K	E	E	P	C	U	E	R	A	W	K	U
T	G	F	J	S	M	W	Z	W	G	L	E	G	Q	J	E	U	L	L	M
I	A	W	M	D	E	S	E	Z	Y	T	C	S	X	E	I	F	T	O	K
D	R	Y	Z	S	K	S	K	X	D	O	N	Z	J	K	L	F	K	P	A

RUBIDIUM
ZIRCONIUM
TECHNETIUM
PALLADIUM
STRONTIUM
NIOBIUM
RUTHENIUM
SILVER
YTTRIUM
MOLYBDENUM
RHODIUM

Elements #5

L	A	J	D	W	Y	P	P	W	T	Z	B	S	B	G	M	D	R	R	A
A	N	G	B	I	O	D	I	N	E	F	P	V	J	U	X	N	D	E	W
N	T	Y	W	M	S	D	Z	B	Y	Y	A	K	I	F	J	G	C	R	L
T	I	J	B	H	D	C	R	I	M	E	S	S	K	I	W	U	U	F	U
H	M	E	A	T	T	K	U	H	U	L	E	S	W	P	C	H	M	L	F
A	O	P	Q	F	T	X	V	O	C	C	E	F	V	Y	T	U	T	S	N
N	N	R	I	G	I	I	O	F	J	E	M	Y	X	B	I	V	E	X	Y
U	Y	A	E	X	D	U	N	S	R	W	R	Z	V	R	W	P	X	C	Q
M	F	S	N	S	N	G	U	E	I	V	A	I	U	P	M	W	X	J	R
Y	Z	E	I	V	I	N	D	I	U	M	A	L	U	M	V	F	G	A	S
E	B	O	C	H	H	R	T	N	U	L	L	L	R	M	H	G	U	S	G
K	G	D	M	V	K	G	U	O	U	E	W	R	O	B	A	C	Y	P	P
O	H	Y	S	E	F	P	X	R	T	Q	B	X	Z	P	K	Y	N	S	O
J	T	M	H	V	G	A	K	U	D	P	D	E	I	S	N	V	Q	I	Z
S	C	I	X	M	L	G	J	W	U	E	U	N	P	R	W	E	P	J	D
Y	A	U	V	B	A	R	I	U	M	U	D	O	L	F	T	S	V	Z	G
Q	X	M	A	R	X	N	Z	C	B	P	N	N	V	W	A	R	S	Y	V
K	C	V	G	B	D	Q	D	I	T	F	I	K	U	Z	Y	O	F	M	P
Q	O	C	M	V	P	K	N	E	O	D	Y	M	I	U	M	T	H	T	L
K	O	H	I	D	N	X	T	B	V	Y	N	D	F	X	D	P	Y	H	S

INDIUM
TELLURIUM
CESIUM
CERIUM
TIN
IODINE
BARIUM
PRASEODYMIUM
ANTIMONY
XENON
LANTHANUM
NEODYMIUM

Elements #6

R	B	T	C	X	J	A	N	L	D	Y	S	P	R	O	S	I	U	M	Z
T	W	Z	E	C	M	Y	T	T	E	R	B	I	U	M	U	A	U	W	S
L	M	Z	J	R	E	R	F	V	H	A	F	N	I	U	M	V	Y	S	N
U	F	M	A	C	F	W	T	E	Z	H	P	L	K	U	U	O	Q	D	U
T	T	S	H	E	L	B	L	K	G	Z	A	U	I	C	P	Z	T	P	N
E	W	W	H	T	T	I	U	H	R	C	G	P	M	U	P	S	H	S	P
T	S	A	D	J	M	L	T	R	G	F	O	U	U	E	T	C	K	Y	J
I	T	I	F	K	Q	R	Z	Q	P	R	I	Q	U	H	R	F	Q	U	Y
U	M	Q	T	O	G	N	H	L	U	M	J	U	M	M	N	X	R	P	M
M	L	D	Q	H	Q	V	U	E	L	B	Q	U	U	F	V	M	V	M	N
K	D	X	L	L	C	S	R	O	Q	U	I	I	F	F	M	A	U	Q	Z
J	E	C	L	N	A	J	H	W	H	N	B	L	R	Y	L	I	Y	S	T
M	T	R	S	L	I	A	Y	P	I	R	U	Y	H	E	L	I	W	A	G
W	K	C	B	M	G	A	X	L	E	E	A	C	Y	U	R	E	Q	M	S
A	R	B	M	I	E	W	O	T	U	B	L	M	H	R	U	F	S	A	X
X	O	R	I	L	U	D	T	E	W	C	L	T	E	L	N	H	S	R	Q
X	X	C	M	V	A	M	P	R	O	M	E	T	H	I	U	M	S	I	B
X	F	L	I	G	T	O	S	X	O	F	Z	Z	H	G	Q	J	D	U	B
L	C	D	F	J	C	E	G	V	T	S	G	Q	K	X	D	I	B	M	F
F	U	W	V	X	Y	A	A	R	W	L	W	S	W	H	Y	K	Y	E	B

PROMETHIUM
GADOLINIUM
HOLMIUM
YTTERBIUM
SAMARIUM
TERBIUM
ERBIUM
LUTETIUM
EUROPIUM
DYSPROSIUM
THULIUM
HAFNIUM

Elements #7

```
V N P U N M S I H C Y L L N I O X X Z M
Z I Q Z V C Y T O Y N E J S R N D A U E
R C N Y Q Q K C H O I A J Q C S G O L F
D M C U G N T V X A F D G R P K Q K I I
K D Q E G R N I M O L D W J G V W B G Q
V R M Z B H L B R T A L E A O U G V P L
M V L W M E T L P I I H I R L S Y E P C
K O F O W N U G H B D N X U D B R X O U
V L Q Z P I N S D T Z I I O M K W Q B D
C K Y M U U G T Q I Q L U G Q L D J Y G
I C E I B M S C N Y I M D M F L C O A Z
O P V R I T T X P L A T I N U M E F Q A
C B O F B S E F Y L Q J B A I H G V R T
O I F L U B N Q T P D D T A N T A L U M
Q S M Z O Z Y A O S M I U M K E D K E L
O M L T S N M Q S F O X I H M I X K D G
R U U A M Z I E I T M T E V L R V Y U G
D T Z N G B E U M E R C U R Y E S K B I
K H E S Z J N X M O O P X E H D J U O M
M U K A D N C Q M Q A F G G Q U L E O V
```

TANTALUM	TUNGSTEN	RHENIUM
OSMIUM	IRIDIUM	PLATINUM
GOLD	MERCURY	THALLIUM
LEAD	BISMUTH	POLONIUM

Elements #8

L	M	L	Z	N	C	O	S	I	S	L	H	I	M	D	G	H	C	E	M
N	R	I	Z	C	W	A	B	N	K	V	Y	U	R	A	R	H	Z	O	E
C	N	E	P	T	U	N	I	U	M	Z	I	R	K	M	K	F	M	C	A
R	J	B	Y	P	S	H	M	V	T	D	L	A	A	E	S	F	V	A	C
U	A	A	X	S	R	K	H	K	A	M	E	T	Z	R	K	Y	N	J	T
Y	N	C	B	G	L	E	S	R	Q	P	X	V	E	I	G	T	J	Y	I
I	Y	W	W	V	Y	E	O	L	J	T	J	A	Z	C	F	G	U	X	N
Z	N	H	A	S	T	A	T	I	N	E	C	S	P	I	Y	S	S	U	I
K	N	M	D	R	E	X	X	U	B	Z	L	V	D	U	H	G	Z	P	U
H	V	R	P	R	O	T	A	C	T	I	N	I	U	M	R	Q	W	V	M
C	X	T	D	P	X	P	L	U	T	O	N	I	U	M	Z	C	S	G	W
D	D	H	C	R	Q	Y	N	L	C	B	I	Z	F	J	A	U	W	M	F
Z	B	O	V	Y	J	O	R	A	U	R	A	N	I	U	M	P	U	J	Z
X	L	R	X	B	D	T	G	Q	R	Q	U	O	B	M	D	I	N	S	I
F	C	I	L	A	W	D	C	B	I	D	C	R	Q	H	C	R	U	D	A
P	Q	U	R	P	M	C	X	A	U	I	G	L	A	N	F	N	U	M	U
W	R	M	P	V	O	L	N	S	M	H	E	P	A	J	D	W	O	N	T
X	D	W	D	R	D	B	K	G	D	I	C	R	T	I	U	M	T	F	C
P	P	T	S	R	Z	P	Z	H	K	J	F	G	C	I	B	U	V	F	N
D	Z	X	H	E	S	Z	R	E	J	J	K	B	S	Y	A	Z	Y	W	O

ASTATINE
RADIUM
PROTACTINIUM
PLUTONIUM
RADON
ACTINIUM
URANIUM
AMERICIUM
FRANCIUM
THORIUM
NEPTUNIUM
CURIUM

Elements #9

Y	Y	T	S	Z	D	U	Z	N	U	T	P	H	Z	B	R	J	F	H	H
E	O	I	J	B	C	M	J	O	G	B	M	X	Q	E	P	K	N	O	G
V	O	A	W	A	O	G	A	B	Q	B	N	V	M	R	F	H	Y	H	M
G	A	C	W	G	D	A	G	E	S	B	K	Q	I	K	L	K	U	U	A
A	Q	C	S	J	Q	Y	R	L	V	W	H	E	E	E	G	U	U	E	L
W	V	S	K	N	J	E	A	I	P	H	H	U	L	L	X	S	U	Y	E
I	W	E	L	O	M	V	W	U	A	B	Y	U	M	I	F	B	R	T	V
A	L	A	L	A	L	A	F	M	W	C	S	H	K	U	L	O	U	V	L
T	E	B	T	E	F	L	Z	E	M	E	Q	H	V	M	S	H	T	B	A
T	N	O	W	R	X	U	U	Q	W	E	O	I	Q	V	S	R	H	Y	W
R	V	R	F	I	O	W	M	D	U	B	N	I	U	M	T	I	E	P	R
J	Q	G	C	K	V	P	G	X	Q	F	J	D	B	I	V	U	R	Z	E
C	E	I	N	S	T	E	I	N	I	U	M	J	E	O	B	M	F	D	N
V	X	U	A	C	X	U	M	Y	H	F	Y	B	U	L	Q	G	O	Y	C
Y	O	M	W	D	X	Y	G	L	C	E	W	Y	D	C	E	O	R	J	I
S	H	O	U	C	A	L	I	F	O	R	N	I	U	M	P	V	D	Z	U
R	M	D	P	E	X	M	L	T	U	M	U	E	M	X	D	Z	I	Q	M
T	K	H	U	K	R	L	G	I	N	I	Y	G	V	A	B	T	U	U	K
E	H	A	S	S	I	U	M	Q	F	U	H	S	Z	Y	D	M	M	H	M
J	Y	J	P	G	P	W	A	Z	D	M	V	E	C	J	R	I	X	D	A

BERKELIUM
FERMIUM
LAWRENCIUM
SEABORGIUM
CALIFORNIUM
MENDELEVIUM
RUTHERFORDIUM
BOHRIUM
EINSTEINIUM
NOBELIUM
DUBNIUM
HASSIUM

Elements #10

S	G	Q	B	A	S	X	R	I	J	U	T	N	I	M	O	Y	M	W	H
T	N	I	H	O	N	I	U	M	Z	U	F	T	M	J	P	P	F	T	Y
E	Q	T	Y	V	F	S	L	K	F	J	F	U	Y	J	Z	D	S	V	H
X	G	N	S	J	H	D	I	B	E	A	I	L	J	I	R	X	H	N	B
O	J	H	V	B	D	A	B	Q	O	T	E	D	E	K	D	O	G	S	D
D	L	K	R	F	O	K	N	C	D	N	E	I	G	R	L	W	G	J	R
S	I	O	E	F	B	L	A	A	I	V	M	Q	F	Y	O	C	Z	U	C
B	V	Q	I	J	S	J	T	S	E	L	I	R	N	P	A	V	O	M	A
Z	E	W	V	V	A	S	S	W	Z	A	L	O	W	L	U	H	I	S	F
C	R	J	W	G	M	E	M	E	I	T	N	E	R	I	U	M	V	U	G
X	M	B	J	R	N	P	U	S	N	S	J	N	H	B	U	T	D	N	M
B	O	F	A	N	B	W	J	W	C	Z	M	T	N	K	T	N	U	F	I
O	R	D	E	E	H	V	G	G	R	U	X	G	U	E	X	F	W	W	Z
T	I	T	B	Y	W	Z	E	I	I	J	Y	E	V	U	K	X	U	B	R
H	U	E	W	S	E	A	E	V	Z	V	L	N	Q	A	B	H	E	A	T
X	M	T	L	H	M	M	O	P	P	X	O	I	X	N	Y	Y	K	F	J
V	G	L	B	O	G	C	V	P	G	E	U	U	B	K	B	J	M	R	H
F	Y	P	T	D	S	Y	G	X	N	M	K	M	G	A	U	R	X	O	V
Y	B	O	P	O	B	C	O	U	S	J	V	A	R	F	U	S	A	W	U
J	H	O	M	H	N	C	O	P	E	R	N	I	C	I	U	M	D	F	V

MEITNERIUM
COPERNICIUM
MOSCOVIUM
DARMSTADTIUM
NIHONIUM
LIVERMORIUM
ROENTGENIUM
FLEROVIUM
TENNESSINE

Marine Biology

T	O	C	I	R	K	H	P	H	Y	T	O	P	L	A	N	K	T	O	N
I	Y	A	H	B	P	Z	O	O	P	L	A	N	K	T	O	N	F	R	A
E	G	G	A	Q	P	T	Y	T	A	B	F	M	T	N	M	N	D	X	A
Q	F	P	B	A	G	Z	W	T	D	P	L	A	N	K	T	O	N	I	A
K	C	J	R	L	L	Y	E	M	S	Z	M	M	W	V	D	B	T	J	G
Z	S	S	E	A	G	R	A	S	S	E	V	A	O	F	O	K	B	P	D
A	N	E	W	A	B	S	Q	S	Y	U	J	M	C	E	Q	L	Z	V	X
B	I	O	D	I	V	E	R	S	I	T	Y	M	G	F	J	T	L	Q	Z
K	P	R	K	E	K	U	P	B	Z	N	G	A	B	Y	G	P	A	T	O
E	G	Y	N	Z	W	A	Z	N	Q	E	K	L	F	G	H	G	H	A	I
L	E	Y	B	A	Z	H	V	P	F	C	O	R	A	L	R	E	E	F	S
P	I	F	W	Q	E	V	U	C	M	Y	S	O	Q	D	C	R	B	B	G
F	L	D	H	N	U	N	B	L	B	A	N	H	Y	X	A	P	A	X	C
O	T	M	E	J	O	Q	O	Y	T	A	N	K	M	I	B	Y	G	U	Q
R	K	P	X	E	S	O	R	P	U	N	T	G	G	I	I	U	F	Z	X
E	I	F	W	V	P	A	O	Y	X	M	P	C	R	L	Y	Q	L	T	C
S	Q	Z	N	E	U	S	B	I	D	Y	U	H	V	O	P	E	L	H	U
T	C	O	D	T	B	V	E	X	T	I	V	I	X	G	V	H	S	E	B
Z	J	I	S	O	W	S	M	A	Q	W	R	M	X	Z	W	E	L	P	Y
C	T	E	O	L	B	F	V	P	B	G	I	A	H	P	T	L	C	A	L

CORAL REEF
PHYTOPLANKTON
TIDE POOL
MANGROVE

MAMMAL
ZOOPLANKTON
SEAGRASS
DEEP SEA

PLANKTON
ESTUARY
KELP FOREST
BIODIVERSITY

Astronomy

R A D I A T I O N I G X I C I B V G T D
Z J S W Q J G B G F T F A B Z K Y P N Q
O U P N M A X X L C O V I J A O C Z H Y
P U G G U S H R S A O U U D M O P D H V
G A T P G N G X H E C S C W P I V K T I
O K A B N C S K W X K K M R Z Q Q H G M
H L Y J E G K P W E G A H I M X U N R M
M R Z W B R J G V L V T G O C S T A R Q
M U I C U I N A R O A T P Y L B S V X G
C N N R L V W R N S S T A Q N E F C O A
D D L F A O S R O O T F E J N O P C N L
X Z D N R U E Q G L E P L A N E T B W A
V O G C I P L G L A R Z Y W P A Y P D X
D I I J U Y D B W R O L J V S V D Z G Y
X M U S Q Z K U Y S I J I H C C O M E T
J X Z K V Y J N L Y D B V Y M K G X O P
I C P U U M E Q B S D I J O F E O G I Z
K G D E L C O N S T E L L A T I O N F P
Z D V L J A Y R L E X O P L A N E T F I
F R M A A P Y A F M A W F N D S V X Q N

PLANET
BLACK HOLE
ASTEROID
CONSTELLATION
RADIATION

STAR
NEBULA
SOLAR SYSTEM
COSMIC
EXOPLANET

GALAXY
COMET
SUPERNOVA
MICROWAVE

Microscopes

Q M Y V L B H G B S H H Y X P L W T F L
Z M C Z Q B G K D I A P H R A G M L T E
L I V O N H T Z M Z P R P R T B E K E N
U A G S A I A A Z M K K I O B G L Y G S
U W T Q T R I R E G D E X J A Y T G G P
F B P N W C S M L H A S Y T I H O Z B R
W N X D H Y W E Q D E O S E S W K S K R
E S L Q D G K R Z D N Z Z Q P M T T P H
C J F R Z F I G I H V O Z Z Z I O H A S
Q Q I O O Q E L X I F A S A M U E G N X
Y C L R C S S L C U I G V E P W Y C D Y
Q C L W A U Y G A S N R H A P C R X E T
A E U B S I S S M B E B N C C I M M T M
A S M K H S H K V Q O T A M N G E Q J F
C T I N H R B M N R C E S W G M N C R D
R C N U I D T X A O K N D M I Z F Y E D
P K A U M A M L E F B R K G F H T W D T
U M T P C R L M C M C K W D Y V P O M C
O A O G J G Z Q T K C O N D E N S E R Q
K I R O B J E C T I V E J O C W P A M G

EYEPIECE	OBJECTIVE	LENS
COARSE	FOCUS KNOB	FINE
STAGE	DIAPHRAGM	CONDENSER
ILLUMINATOR	ARM	BASE
NOSEPIECE	SLIDES	

Paleontology

P	T	H	A	L	C	T	A	A	M	D	E	T	N	U	P	Y	G	R	H
B	M	A	T	R	A	C	E	U	O	O	W	K	G	N	O	N	O	I	O
Q	N	D	F	U	K	Z	D	J	H	D	D	I	N	O	S	A	U	R	L
K	Q	W	D	N	H	X	L	A	E	K	N	F	I	L	B	L	Z	C	X
M	F	O	S	S	I	L	K	X	P	S	L	V	C	T	A	S	N	S	H
A	W	T	M	D	Y	R	B	V	W	A	T	M	X	G	G	U	C	D	P
L	D	F	O	S	S	I	L	N	U	K	L	G	Q	N	U	R	U	L	A
S	U	M	M	X	P	E	Q	S	S	U	I	E	I	V	O	V	P	C	L
Q	T	C	X	E	Q	D	V	U	R	S	P	T	O	F	S	Q	N	Z	E
K	J	R	Z	O	X	F	P	O	B	E	A	L	U	Z	J	G	S	R	O
A	P	S	A	A	B	T	M	Z	L	D	C	C	U	E	O	Y	Q	J	N
S	M	C	Q	T	C	J	I	A	B	U	L	O	A	U	K	I	Z	N	T
M	D	K	E	P	I	X	W	N	M	Y	T	A	R	R	F	W	C	X	O
V	J	N	Q	N	Y	G	G	D	C	E	H	I	X	D	B	E	U	M	L
S	E	C	B	K	O	N	R	C	A	T	S	Y	O	X	F	O	F	X	O
F	K	F	P	X	C	Z	E	A	G	U	I	O	D	N	K	V	N	T	G
R	N	Q	T	P	C	S	O	Q	P	I	X	O	Z	B	N	Q	D	T	I
O	W	J	B	G	B	L	O	I	V	H	L	S	N	O	C	C	A	M	S
N	U	L	H	E	C	I	K	M	C	N	Y	I	F	N	I	H	Z	B	T
X	J	V	C	F	H	H	I	C	C	J	X	G	Y	G	O	C	L	W	C

FOSSIL
EVOLUTION
CARBON
STRATIGRAPHY
CENOZOIC
PALEONTOLOGIST
DINOSAUR
DATING
PALEOZOIC
EXTINCTION
RECORD
TRACE
MESOZOIC

Cells

I	L	A	D	W	Y	H	A	Y	E	P	S	W	T	P	T	V	E	D	H
W	G	W	G	F	K	H	T	N	G	V	X	G	W	F	C	O	J	A	C
P	C	P	Q	Y	A	G	A	B	J	R	L	J	C	Z	D	U	A	W	N
K	L	W	D	H	C	R	P	N	F	L	I	Z	X	T	P	L	V	O	S
V	X	W	O	K	B	Q	B	Z	E	Z	Y	B	E	B	A	F	T	S	Q
O	H	L	H	M	A	G	M	C	W	W	A	M	O	Z	O	E	O	O	L
Z	E	D	E	M	E	O	X	P	T	M	I	E	U	S	L	B	R	L	X
G	S	M	R	Q	C	B	R	U	S	C	S	M	S	E	O	E	H	W	T
A	Q	I	Z	W	E	E	H	A	L	T	U	P	K	F	Q	M	U	Z	R
P	H	B	G	K	K	L	L	Z	Q	L	D	S	U	U	P	B	E	J	A
P	I	Z	N	N	R	P	Y	R	U	A	O	N	A	F	B	O	L	G	N
A	P	L	U	B	A	Y	U	C	F	T	E	G	E	G	T	N	K	F	S
R	R	L	C	V	I	L	I	V	Y	Y	M	I	X	A	G	Z	U	U	D
A	V	G	L	J	B	T	W	C	I	G	O	L	G	I	W	H	J	D	U
T	T	B	E	Z	E	U	M	I	T	O	C	H	O	N	D	R	I	A	C
U	U	X	U	R	E	N	D	O	P	L	A	S	M	I	C	A	L	W	T
S	N	A	S	X	T	R	J	N	A	P	O	P	T	O	S	I	S	X	I
U	N	Z	Q	M	N	I	C	Y	T	O	P	L	A	S	M	W	P	Z	O
G	Z	L	Y	S	O	S	O	M	E	B	V	W	L	S	B	T	Z	I	N
L	K	F	C	O	B	J	Z	G	D	J	Y	Y	C	J	W	T	Z	Z	Y

CELL
MITOCHONDRIA
GOLGI
CYTOSKELETON
RIBOSOME
APOPTOSIS
CYTOPLASM
ENDOPLASMIC
APPARATUS
PLASMA
SIGNAL
NUCLEUS
RETICULUM
LYSOSOME
MEMBRANE
TRANSDUCTION

Molecules

L	K	O	T	J	U	P	H	C	B	O	X	I	P	P	G	U	Y	L	U
U	G	Q	S	D	F	N	O	I	N	Z	E	G	B	O	N	D	P	N	Z
X	M	H	I	B	E	U	C	L	C	H	M	U	D	R	U	N	K	N	Q
M	A	T	O	M	C	L	N	I	A	J	V	S	I	U	X	L	G	N	M
Q	Z	Q	R	X	P	B	N	C	Z	R	V	O	D	F	Z	G	N	O	Y
S	B	X	K	C	S	O	X	R	T	V	M	J	O	R	Z	W	F	N	O
C	T	I	K	W	I	K	Q	V	B	I	W	O	P	C	Y	C	G	P	G
I	H	E	O	C	A	N	T	C	M	M	O	I	L	M	I	F	N	O	Z
V	C	W	R	M	O	P	C	F	S	Q	O	N	K	E	J	M	Y	L	S
J	H	Y	P	E	O	V	T	H	N	J	L	L	A	O	C	V	U	A	F
F	B	H	Q	L	O	L	A	X	E	C	D	K	E	L	E	U	F	R	E
W	S	Y	P	T	Y	I	E	L	L	M	W	Q	E	C	G	G	L	M	F
J	Y	D	B	L	B	S	S	C	E	E	I	A	T	L	U	R	E	E	H
K	F	R	W	T	G	O	O	O	U	N	H	C	P	V	U	L	O	H	D
O	O	O	X	A	F	U	H	K	M	L	T	V	A	A	M	C	E	U	Y
L	J	G	I	N	Z	C	W	E	L	E	E	I	L	L	Y	F	H	C	P
J	C	E	B	I	S	J	P	T	L	W	R	U	I	S	O	M	E	R	I
X	Z	N	K	S	A	H	N	X	S	O	C	K	R	H	T	U	F	Z	Q
D	I	K	M	N	G	O	V	X	E	X	R	V	X	C	X	H	V	J	E
R	J	I	P	T	Y	Z	D	O	M	L	F	F	D	D	T	M	X	Y	Q

ATOM
BOND
HYDROGEN
FUNCTIONAL GROUP
BIOMOLECULE
MOLECULE
COVALENT
POLAR MOLECULE
ISOMER
CHEMICAL
IONIC
NONPOLAR
STEREOISOMER

Geotechnology

T K R V X E K F H G Y L K K F N G V O G
O S A T D E L G U V Y P V E B C M G J S
P E G E O T E C H N I C A L G S N Q N M
O I J K L V E G G R M S C N X I X B D O
G S V G W C S G H A G K I P N J D A G K
R M C E H K V D Q I F L S O W O T N G B
A I R O B E I C M V E I I L V A I N T P
P C T T M A X U S D S T E L D S I G V U
H H C H Q Z R Y O Y I D G L N R S B F N
I E N E R G Y M L S O T A E E X A X D X
C M Y R M X X A O M F I S E R N T F C T
W G O M W C N P N N T E N Y A Y H I L D
Y N P A K A L O R A T I G P R F I C L G
V J T L L A I A P O G Y I W M S Y O G I
L F F I B T D S M N Q L S V R C Y I R R
H J O O A A O E E U Z Z V Y D A C V V K
X S L V R E R O M L X T S Z M J T L J Y
V G E V G O F P Y A J V A L K J V S Z D
Z L X L D E Y O R H P E F S E C M J P Q
E A N Y H I N N M A Q S K R S P N E Q P

GIS
ELEVATION MODEL
TOPOGRAPHIC
GEOTECHNICAL
SEISMIC
REMOTE SENSING
GLOBAL POSITIONING
MAPS
ENGINEERING
GEOTHERMAL
GEOSPATIAL DATA
MODELING
SOIL ANALYSIS
RADAR
ENERGY

Scientific Method

P I H W B T M D X I Y M W Y W J O D I J
O H Y P O T H E S I S E U Q C T L I A L
B U V U R V H T Y E I W Q G N P L I N Q
S E V H T F X Q E V A Q U E W Q Q F S W
E P Z G T C I L E X N F D F K J M N W M
R N X H U Q X R V M P N I T B Z V O M Y
V E Y X I T R C Q O E E C H H I D Q C L
A X P R B E U G N P P L R W M E E C B N
T P L E E C A J E G S C F I D T O W T O
I E F P Y O D D V X O O W K M V P R P F
O R M L I N Y A W T M N B B I E S I Y M
N I W I S C V Q T R V T A M O G N N S W
X M Z C U L A Y S A F R J U N R R T X V
E E G A S U R A V G J O J F Q O U K K Y
B N G T A S I J D V Y L D E G U U D L E
Q T A I T I A D L M Y M T X L P X R C K
L A G O D O B C N F B T J K N H J I O H
A L O N Y N L M L B I J V N G B C J M M
O V E B F H E V I N D E P E N D E N T A
N P G M Z S P C A K S D L B W V B P N Q

HYPOTHESIS
DATA
GROUP
DEPENDENT
PEER REVIEW
EXPERIMENT
CONTROL
INDEPENDENT
CONCLUSION
THEORY
OBSERVATION
EXPERIMENTAL
VARIABLE
REPLICATION

Geophysics

N L D N C S M O D E L I N G X V R Q W E
Y W M J F I G S E S I P N I G L C H B V
E O B A U D P R C A T Z L R A I L O S T
I Q N H G X S I A Y R A B M F X L D E W
R S H W I N N G H V R T R S P D E Y I Y
G X G G D O E C R E I E H G X I J S S T
E J Y A T Z A T N X H T Q Q L J M Y M H
O W W C A Z D I O T K Q Y N U P F P O F
P D E X L I M H O M G R W C S A J Y L B
H T E E B K B E Z Y E N A B B M K N O Z
Y S C X V R G V D I S T G J R R Q E G W
S G Z L E X H M C T J I R N R O P Z Y P
I W C I K G E O D E S Y R Y G A Z V X E
C V E X P L O R A T I O N X H Q Y Z T S
A G A U P Q L R R Q V D G M K E Q A W A
L R E M O T E S E N S I N G V N L X Q G
J X Y Y B E N E R G Y S X R T P C N R L
B O K F B F Q C X J J L U F W H F A H B
G N X S I J V V S L L S I R I F A K E R
N G E O M A G N E T I S M L Y H G F J L

SEISMOLOGY
MAGNETOMETRY
PLATE
GEODESY
MODELING
EXPLORATION
GRAVITY
GEOTHERMAL
TECTONICS
EARTHQUAKE
REMOTE SENSING
SURVEY
ENERGY
GEOMAGNETISM
GEOPHYSICAL
MINERAL

Ecology

R	T	C	H	W	F	Y	L	H	C	D	B	Q	K	C	P	T	J	M	E
H	R	O	A	P	R	J	Q	J	Y	C	F	D	O	E	O	V	M	O	X
V	O	N	B	W	M	Z	G	F	Q	A	C	N	C	R	D	A	L	Q	O
K	P	S	I	O	A	D	A	P	T	A	T	I	O	N	A	P	P	K	F
F	H	E	T	R	E	S	T	O	R	A	T	I	O	N	W	U	E	L	B
H	I	R	A	R	K	C	V	P	O	P	U	L	A	T	I	O	N	T	I
I	C	V	T	O	E	Z	U	L	F	N	Q	J	N	A	I	A	F	M	O
L	L	A	V	A	F	M	R	X	I	U	K	G	N	P	T	P	R	V	D
N	E	T	E	U	O	V	I	A	N	Q	U	S	D	Y	M	P	N	H	I
U	V	I	T	B	P	N	H	L	I	Q	H	O	L	N	T	M	F	T	V
W	E	O	L	M	U	C	E	B	C	F	B	V	F	F	E	P	K	C	E
K	L	N	O	I	D	Q	X	F	H	F	E	Y	B	T	E	D	M	H	R
C	C	E	I	O	V	C	N	D	E	M	V	V	S	N	M	E	F	L	S
T	P	C	O	M	M	U	N	I	T	Y	T	Y	X	L	C	B	W	U	I
C	S	F	H	B	F	F	T	D	K	E	S	N	Y	K	U	Y	T	R	T
E	O	H	D	I	W	U	D	D	V	O	Q	Z	L	S	Q	P	L	V	Y
A	L	A	X	O	W	C	B	M	C	A	Z	I	M	G	E	S	U	J	Q
V	C	M	U	M	J	J	Y	E	S	J	E	C	F	A	A	P	U	S	I
I	K	C	M	E	M	H	O	N	I	L	V	H	M	N	V	C	N	Z	A
A	D	J	O	R	V	A	R	F	G	E	U	G	U	G	A	U	I	H	Q

ECOSYSTEM	BIODIVERSITY	HABITAT
FOOD CHAIN	TROPHIC LEVEL	POPULATION
COMMUNITY	BIOME	ADAPTATION
NICHE	CONSERVATION	RESTORATION

Geography

D Q I I D E A O K N A Y Q M X G P O U J
V H H J L V O I O R O P B F F C C V F Z
U L J K N A E T O P O G R A P H Y S S K
D L E W E J W G G X G N M V X X Z O R T
X W I I O U O U T D F I H N J D K R I R
G F R U I X H Y E H C R S E J P M Y J Y
H N H C B J R T M C B E K P F P H A G L
L N T F Q O A N Q T N L M W V P C O A O
L K M X L M E N C H C I K N A C L K Z F
Z L D E I U X B A W P E R R K O U G R X
D A Y L I C K G B L O F G O H J B Q E T
K N C R A H X U M R Y O K P U L F D X B
J D Z C A T K J I V T S R D A J U J X V
O S Q I V L I K C R H O I C H T I I Y K
Y C C R X B G T A X M F I S I K P H M P
D A O X V Y X C U O S S H G W Z R H O D
T P M L K G T T E D Y Z N U G R I L X A
V E A N N S V G W H E O J Q L E U R C M
G U C T N S U T P E L W U X K M Y C C R
D M D V K A S P A T I A L K B Q H M L Q

LATITUDE
RELIEF
GEOMORPHOLOGY
SPATIAL
LONGITUDE
CLIMATE
PHYSICAL
ANALYSIS
TOPOGRAPHY
CARTOGRAPHY
LANDSCAPE
GIS

Astrophysics

Z	B	N	Q	G	U	D	I	M	E	U	R	U	Y	G	E	V	R	I	P
R	W	O	G	R	A	V	I	T	A	T	I	O	N	A	L	X	T	C	U
W	Z	M	T	B	B	F	S	L	E	D	Y	F	G	M	H	O	B	G	Z
H	C	G	V	L	R	H	A	U	S	R	R	H	D	C	J	U	B	J	J
I	A	O	U	A	Q	T	Y	P	K	N	C	T	M	A	Z	Y	E	V	P
T	P	Q	P	C	B	I	S	A	A	L	F	R	A	N	R	O	W	Q	G
E	K	J	E	K	Y	N	A	V	P	N	M	C	T	A	Z	K	X	U	M
D	E	V	C	H	T	F	O	U	N	M	P	L	T	E	S	L	J	J	B
W	H	E	F	O	S	N	E	M	B	Q	G	L	E	D	V	K	U	T	P
A	F	N	Q	L	R	M	N	Z	T	P	M	W	R	T	Q	R	L	A	N
R	H	E	J	E	O	O	W	V	O	C	L	W	N	E	X	Y	P	Y	K
F	P	Q	P	G	Z	A	H	N	X	R	A	D	I	A	T	I	O	N	C
Z	Y	U	E	R	E	D	S	H	I	F	T	C	L	U	S	T	E	R	O
B	S	U	N	L	C	A	O	H	T	A	A	R	Y	R	C	X	E	I	S
J	S	C	E	X	O	W	V	Q	I	S	F	B	W	F	E	E	Q	W	M
L	W	Z	R	I	K	A	N	U	Y	Q	F	K	G	A	L	A	X	Y	I
J	Y	D	G	O	C	V	M	N	E	U	T	R	O	N	B	O	T	P	C
E	M	Z	Y	G	O	E	F	R	L	Z	M	B	I	G	B	A	N	G	R
P	D	Y	P	W	L	U	B	L	O	I	B	T	E	H	K	K	R	V	A
I	P	J	X	Q	Q	Q	C	B	G	R	H	L	V	F	S	I	Y	Y	Y

DARK	MATTER	ENERGY
BIG BANG	BLACK HOLE	NEUTRON
SUPERNOVA	COSMIC RAY	GRAVITATIONAL
WAVE	REDSHIFT	GALAXY
CLUSTER	WHITE DWARF	RADIATION

Biochemistry

R M J V Z O H L L W C S F H O Z G R L W
M N K X H I V M A O S J P F B A U R Z M
K E P C V A F L I L I P I D C D K C P E
C P T D L C J S O Q T E W E D E M N H R
Z A K A D S F F U A J Z M Y J Y O W O E
X F R B B I T H K D Q Y S N R I K F T P
V B D B I O X Z Q A Z L O N T L L Q O L
E Y W P O I L H F N B I D A R D P Q S I
J P B P O H P I E G T J L R I A Z R Y C
N M H C R M Y J S P T S P C S N C E N A
L V S B M G O D I M N X A X B O W S T T
A O E G N X Z R R A T O P K M O D P H I
S C G Z V T C S R A N E K R T C W I E O
P T R K D S B T L I T T S J O W F R S N
C G H R N V P G M H B E D M P T M A I Y
F V K A D T S A E V D N A N T X E T S U
L C R D F H G Y D C S O A E Q I Z I U P
F T N U C L E I C A C I D T L K G O N V
B C G G F V B N T Y Y C L D F J C N N C
M H H H H P N M B H S O R Y S J A S K T

PROTEIN
LIPID
METABOLISM
DNA
TRANSLATION
ENZYME
NUCLEIC ACID
PHOTOSYNTHESIS
REPLICATION
CARBOHYDRATE
AMINO ACID
RESPIRATION
TRANSCRIPTION

Organic Chemistry

P R C P P H N A H Y D R O C A R B O N R
A J Z A X C A Z D X G S Y D Z F V J A K
L D W V R E Z A R O M A T I C U J D Y Y
K J Q G H B F D I Z S K N K T A Q E X W
E A E U M K O A E R N E J P O L M M U B
N J W P B I H X P D B T C P I C U A Y E
E L I Y U J A K Y Y Q O B Y R O F X L Q
H A P O L Y M E R L K N F T U H C X C D
A K P N Y V B B L V I E M Q M O Y B I D
Z T H L W V M C W L B C N J F L A V B N
Q P D I L C R V O P F Q N P D Z L G T M
E J T A Q A O L E S T E R I R D D U P G
S J G L B Z M M W T I F C X B W E G P N
C K W K K R Z I P J K A I N E E H V U J
W D B A Q M Z A N O S F F J N M Y C F B
N C R N Q R G Z R E U J Y Y R M D A R Z
E Q A E Y E E J T J Y N K L V A E K H I
M Z U X V U Y U H O V L D F X N I E E Y
Y Q R G B C I J S B A U A Y Z C Z K X A
X M A L F V I R F A D X V H I Q D J F L

HYDROCARBON
ALKYNE
ALCOHOL
CARBOXYLIC
AMINE

ALKANE
AROMATIC
KETONE
ACID
POLYMER

ALKENE
COMPOUND
ALDEHYDE
ESTER

Nuclear Physics

V O T N N N C Y Y V T Q Q U J P T O A S
I K F X B W N O N U H F S M R P F H T T
S T K R E K Y O N O X T K O Z O P D K T
J S B J T Y I O Z T X N F J A L Y Y C K
J A R L A T I I R Q O I A Y A V X N C K
T Y B C C S N M D R M X I F I U Z U W Z
A O A A S F T C T R Y N Q A P O H C Q R
D S E I L J X U N Z J J F I F E A L I A
I R F B I E E L U O H P I S P Q P E Y D
I R A J A N V A C G D F D O N X X A T I
J G A M N W K T L Y I D T H T T F R U O
S M A D G M Q O E P J O Z R U X N R H A
H J J M I U O M U L S P R O T O N P A C
H Q D K M A Q I S I T O B S Y Z N M L T
Q V S D I A T C V Y X I E M J O U I F I
L A N W U N B I A M Q C G E I J C Q L V
V E L D U X I C O R H Z G S H S T X I I
U G M A C Z E C K N Q V U J T S Q I F T
U G H A I D V Y K E F F R V O A V R E Y
P V W I T E A Q D E X D W P Q L N C W M

ATOMIC
ISOTOPE
FISSION
BETA
NEUTRON
RADIATION
NUCLEUS
NUCLEAR
FUSION
DECAY
PROTON
RADIOACTIVITY
REACTION
HALF-LIFE
ALPHA
GAMMA

Developmental Biology

Y	M	X	A	U	Q	A	J	W	L	G	H	L	T	N	Q	Z	Y	I	S
U	D	P	A	T	T	E	R	N	H	C	G	X	G	E	C	S	I	F	I
Z	I	S	M	O	R	P	H	O	G	E	N	E	S	I	S	P	L	O	T
D	F	J	F	P	E	R	S	W	D	N	C	K	N	S	M	N	Z	R	L
S	F	J	F	C	B	X	U	Y	Y	M	W	M	I	E	L	E	X	M	V
T	E	Y	H	R	C	Z	I	T	P	L	I	S	B	Y	T	Z	R	A	S
E	R	M	G	A	N	L	A	I	V	M	E	F	O	A	Q	N	G	T	Y
M	E	L	Y	S	N	V	U	W	Z	N	N	X	F	G	Z	M	R	I	K
C	N	R	J	G	V	H	L	G	E	N	R	L	B	A	S	B	E	O	B
E	T	N	U	X	U	T	W	G	O	Q	L	L	J	Y	K	L	G	N	B
L	I	W	U	L	P	X	O	I	F	E	M	C	F	X	M	Z	E	E	A
L	A	F	M	O	I	N	S	V	C	S	T	G	O	D	R	F	N	M	X
Y	T	N	E	Z	A	S	H	S	F	E	J	M	V	L	B	N	E	B	Z
K	I	U	Z	G	E	O	O	T	I	S	S	U	E	T	R	N	R	R	K
W	O	W	R	R	L	E	M	B	R	Y	O	H	J	K	P	Q	A	Y	R
T	N	O	P	Q	E	I	E	N	T	J	R	W	D	O	A	N	T	O	B
I	I	X	V	Q	N	A	O	K	I	I	M	U	G	I	O	X	I	N	B
G	E	U	Q	L	G	S	B	H	C	X	Q	V	R	L	Y	K	O	I	V
F	Q	W	U	B	Y	A	O	C	L	C	T	X	D	H	R	G	N	C	T
F	X	N	W	K	A	W	X	L	K	E	T	D	H	U	W	G	B	J	I

EMBRYO
CELL FATE
EXPRESSION
EMBRYONIC
ORGANOGENESIS
DIFFERENTIATION
STEM CELL
PATTERN
TISSUE
HOMEOBOX
MORPHOGENESIS
GENE
FORMATION
REGENERATION

Neuroscience

U J M V C O K H C W A O L D Z U E M M K
Y A W P K Q C H U E T A P O H E X M V H
M N A S G N L B K R R X Y B D E E W R J
F H B Y Z F X H E E N D S O F T B N K Z
N V I B C Q H L H T C M E F S Q R B Y T
E M Z T X C A P P E I Y N Y H P A T N G
U N F U X R I W V I D S S D T S I H N S
R K M E T R D I S Y J S O V T C N I W H
O H D N E T T C P I U E R N I E S T S G
T R E P E I R G J O S R Y T E S D Q W J
R C I K N G Z Z V X G S S S E R D I R L
A Z V G D F Z R K F W A P C O I L T F O
N B O S H R E N Y Z L A O C N C Q E E M
S C E H R N O Q K P N R L O A P Y A N N
M K O A P R Q U O Y P A I O Z X A J B Z
I H Z R U J H R S J N T A Z V Y Q A H X
T M E E Z A U I U I C D A P T Y S S X P
T H N B M E U X P A P U R X G V U L H Y
E S Y K N X P S M O T O R C O N T R O L
R M D R D X W L T F B R H M T O Y R S B

NEURON
NEUROTRANSMITTER
PERIPHERAL
NEUROPLASTICITY
MOTOR CONTROL
SYNAPSE
CENTRAL
BRAIN
SENSORY
COGNITIVE
ACTION
NERVOUS SYSTEM
SPINAL CORD
PROCESSING

Biology - Solution

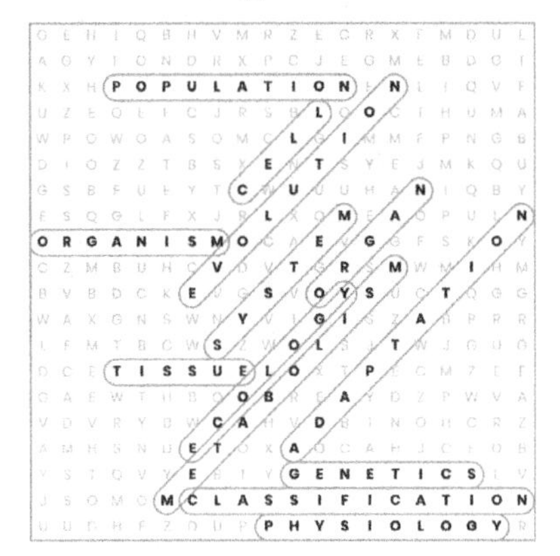

Chemistry - Solution

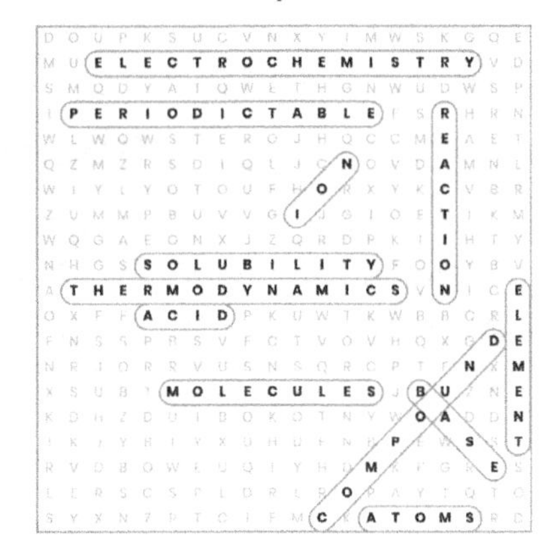

Physics - Solution

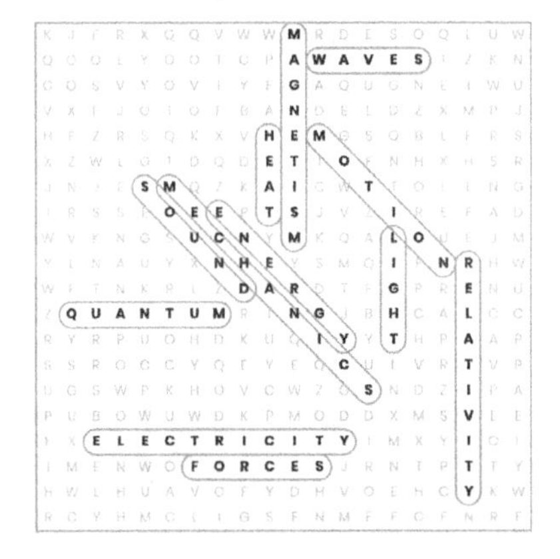

Earth Sciences - Solution

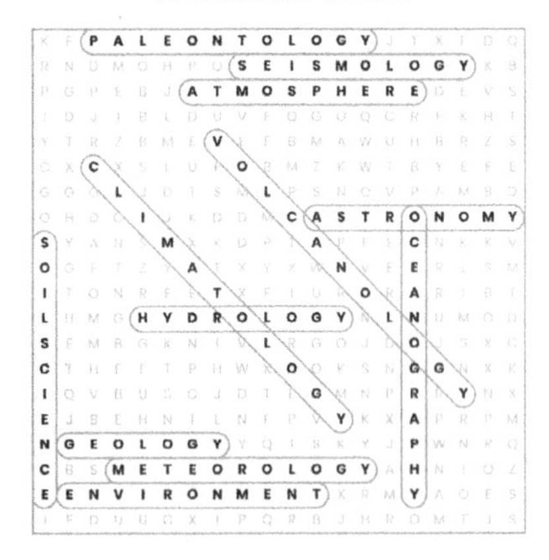

Astronomy - Solution

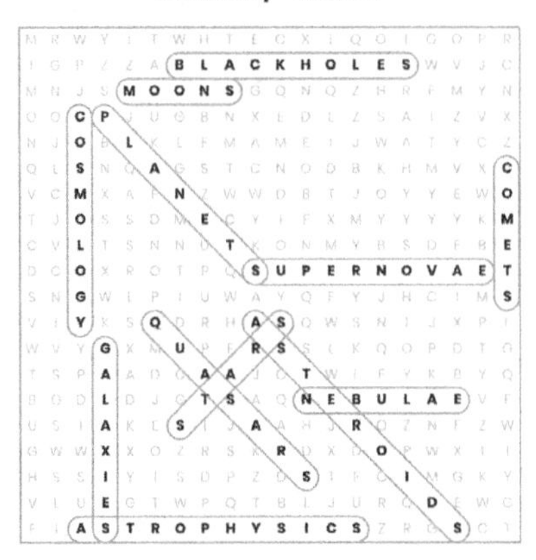

Geology - Solution

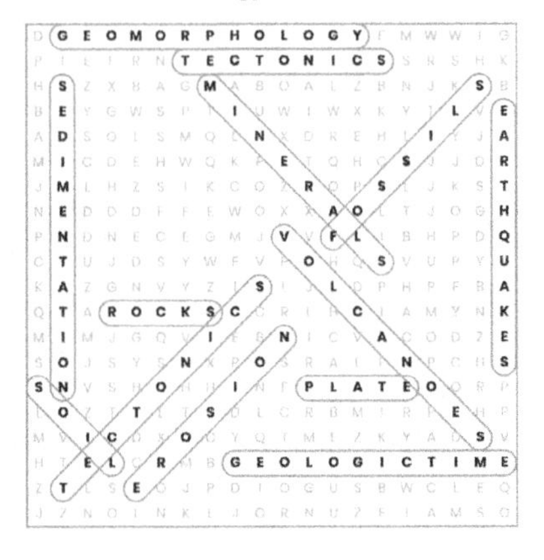

Ecology - Solution

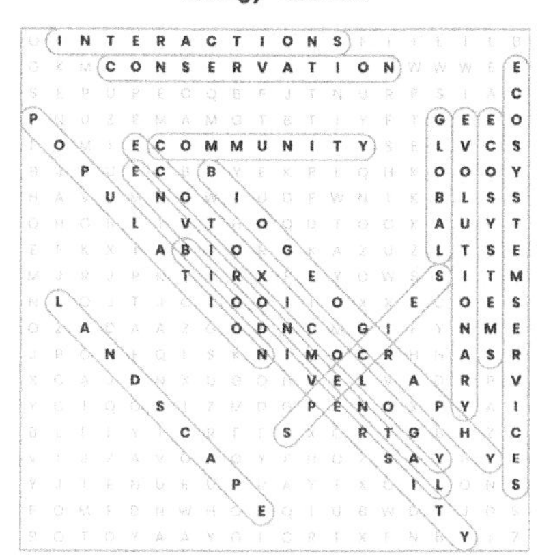

Evolution - Solution

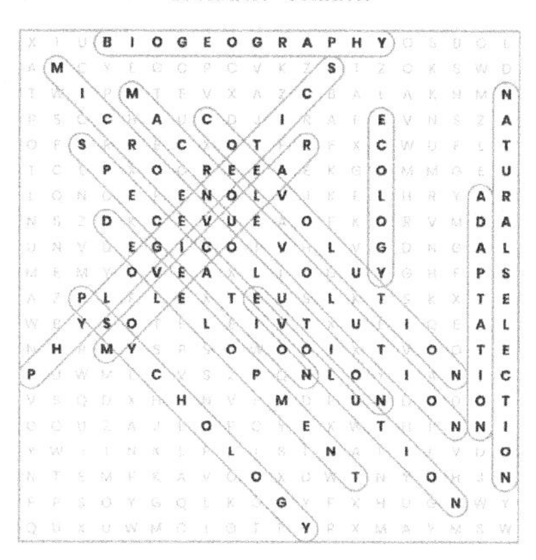

Genetics - Solution

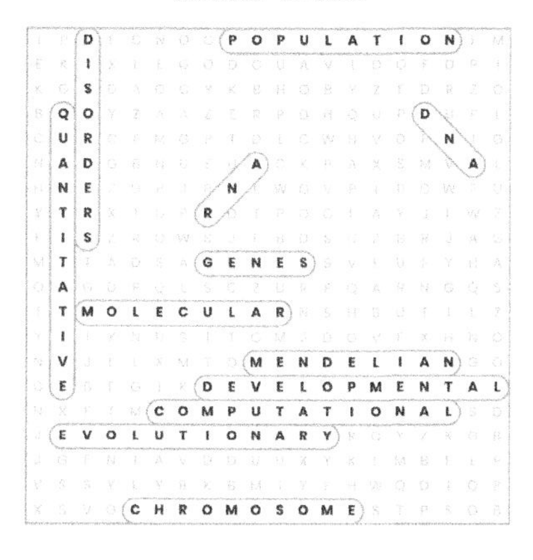

Zoology - Solution

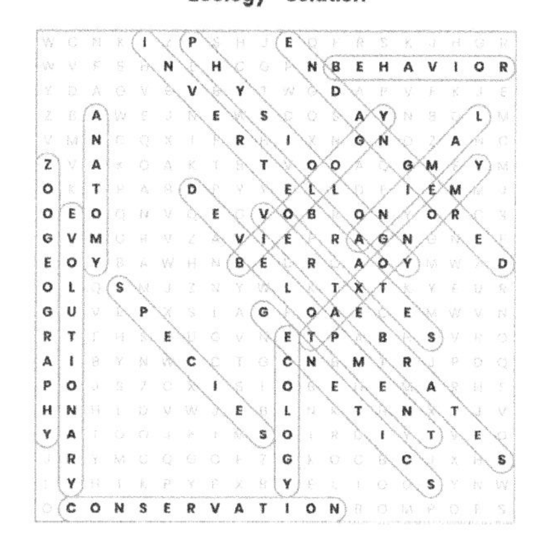

Botany - Solution

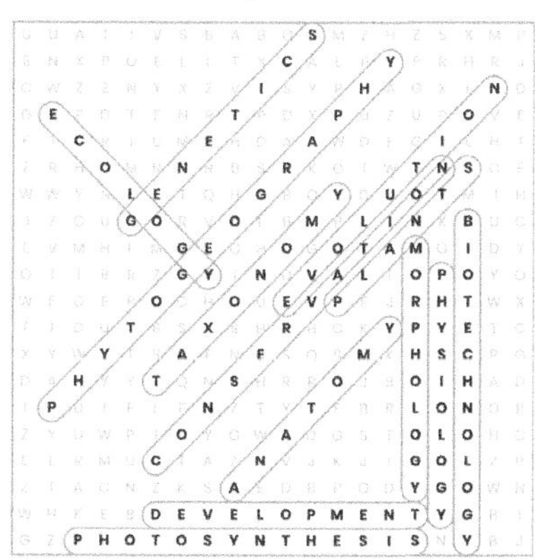

Microbiology - Solution

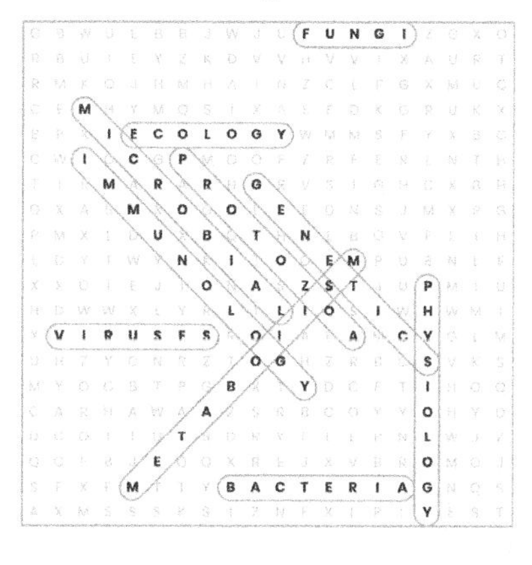

Physiology - Solution

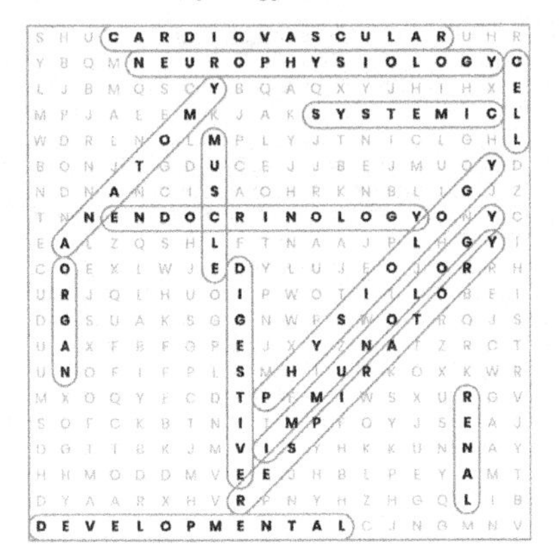

Classical Mechanics - Solution

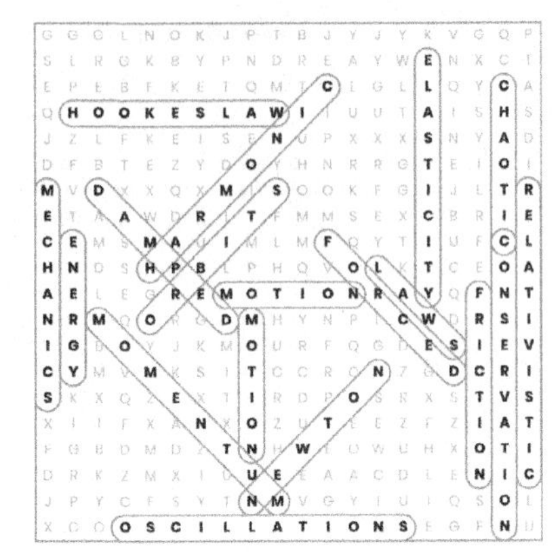

Electromagnetism - Solution

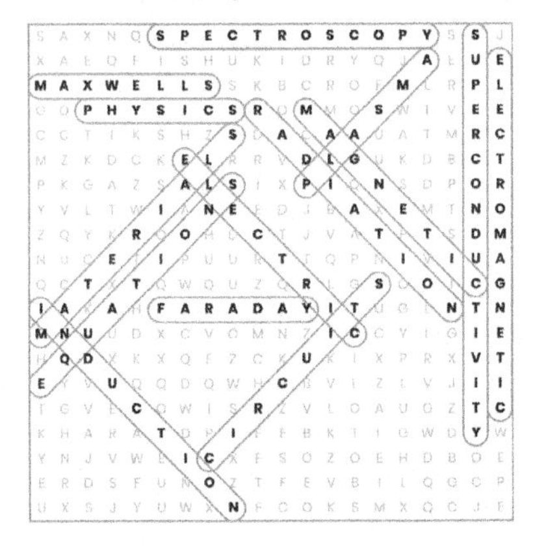

Thermodynamics - Solution

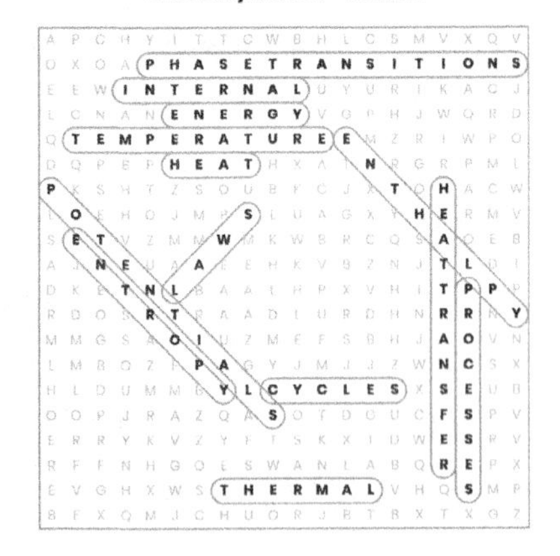

Quantum Mechanics - Solution

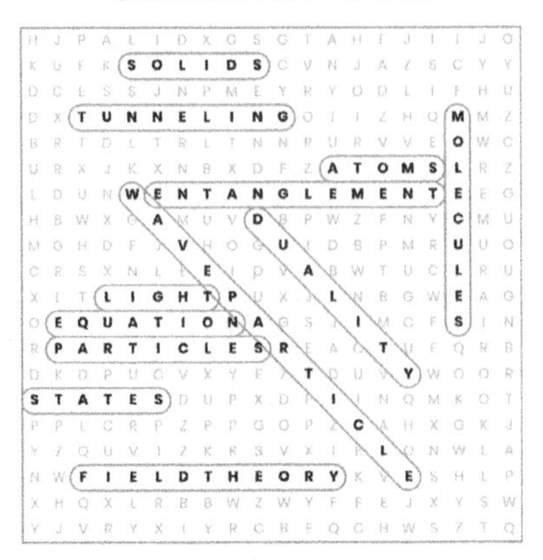

Relativity - Solution

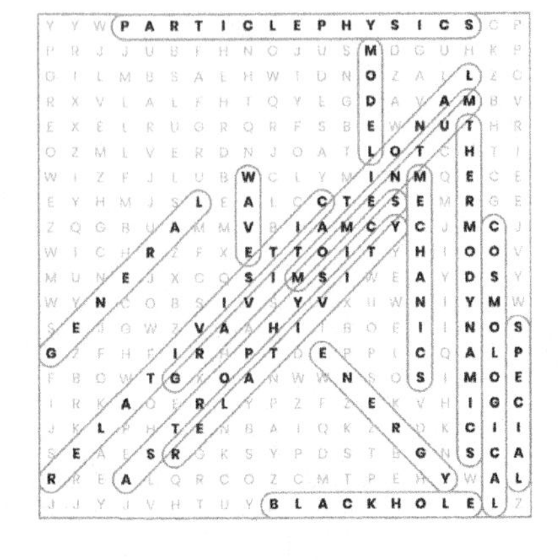

Optics - Solution

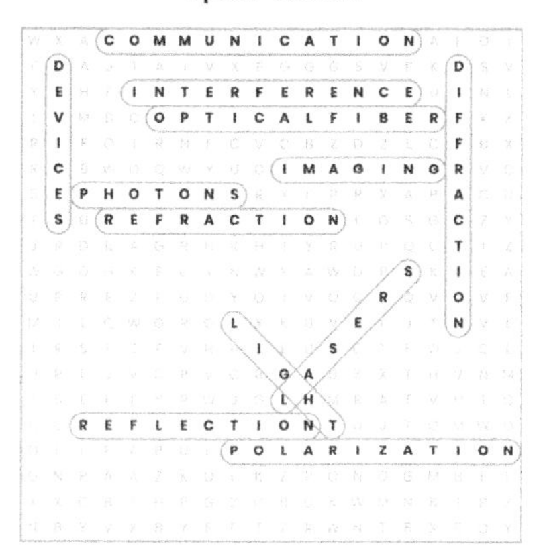

Meteorology - Solution

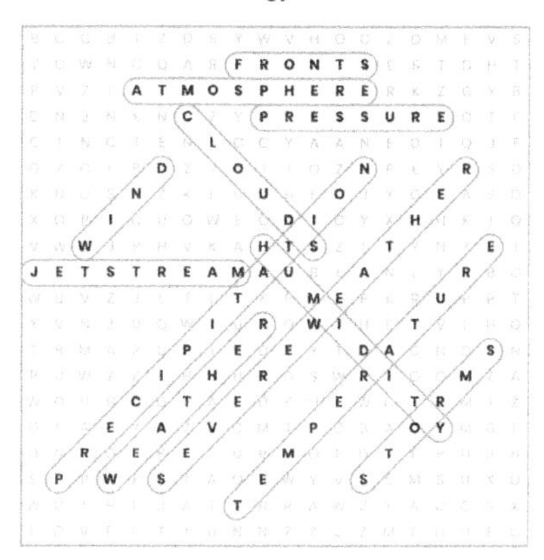

Oceanography - Solution

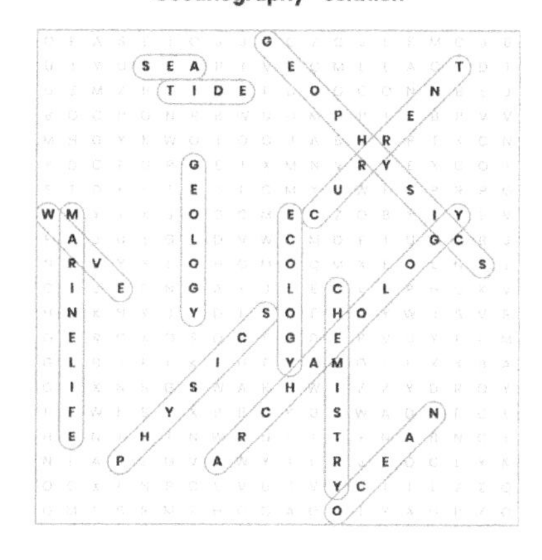

Atmosphere - Solution

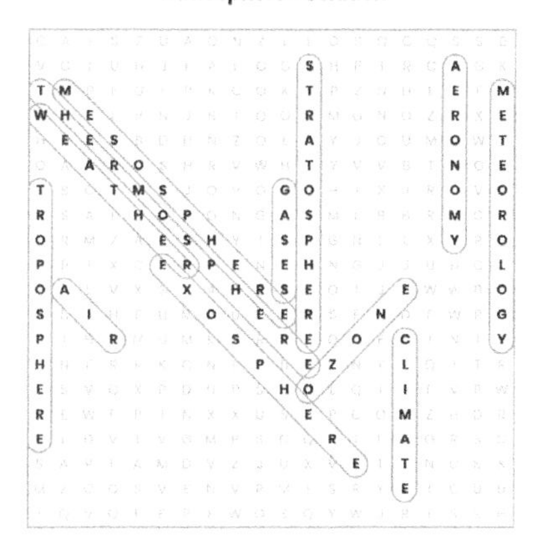

Climate - Solution

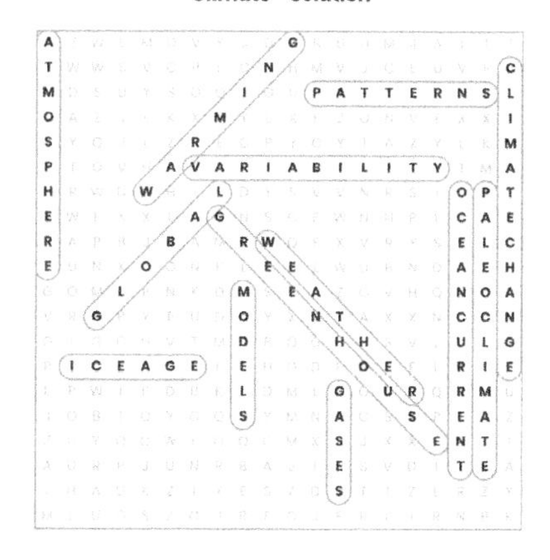

Ecosystems - Solution

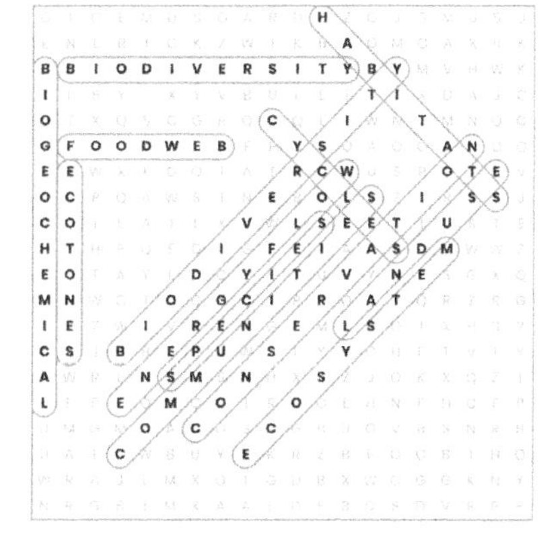

Biodiversity - Solution

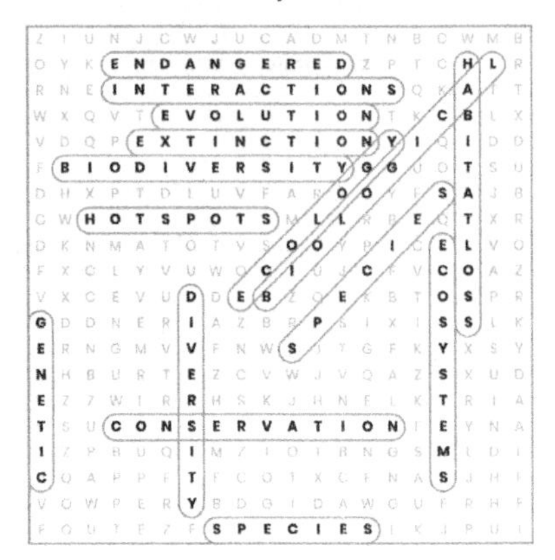

Conservation Biology - Solution

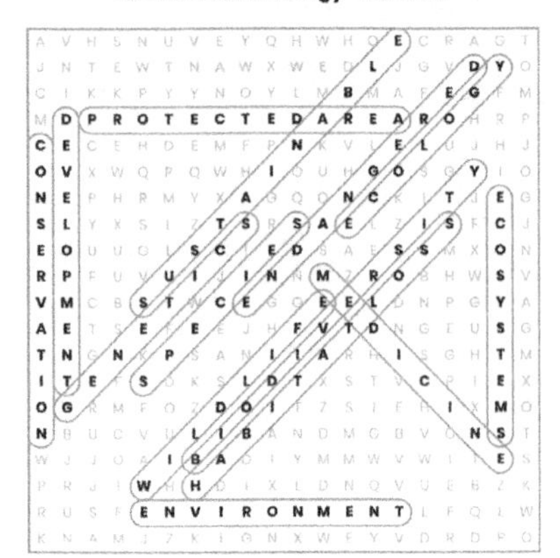

Evolutionary Biology - Solution

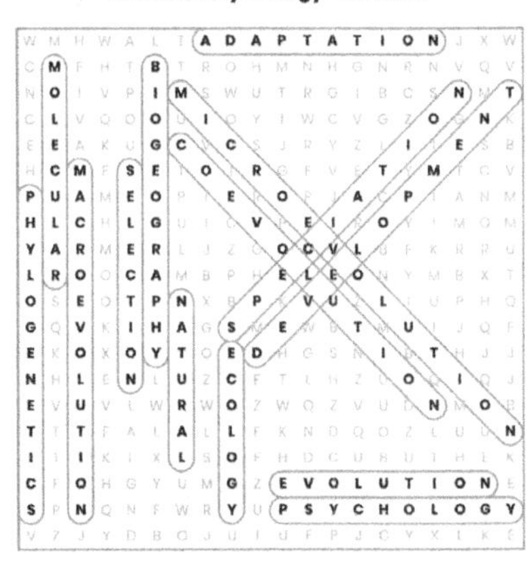

Environmental Science - Solution

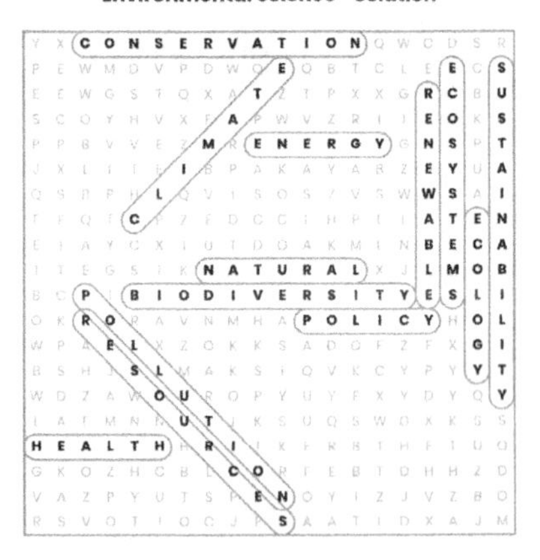

Elements #1 - Solution

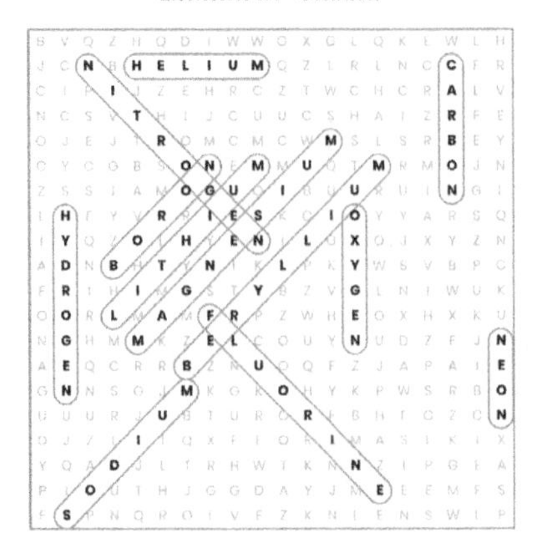

Elements #2 - Solution

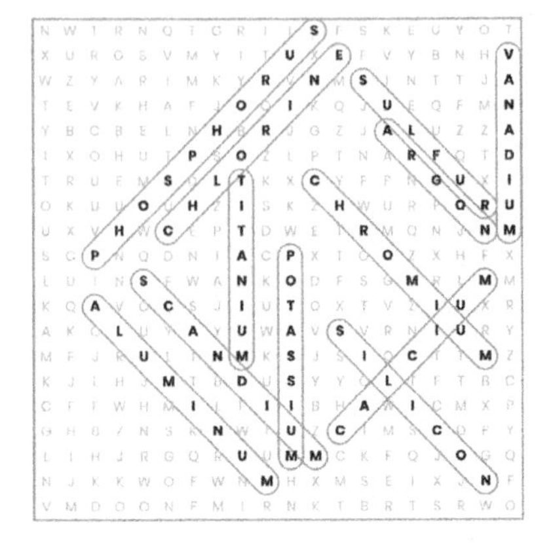

Elements #3 - Solution

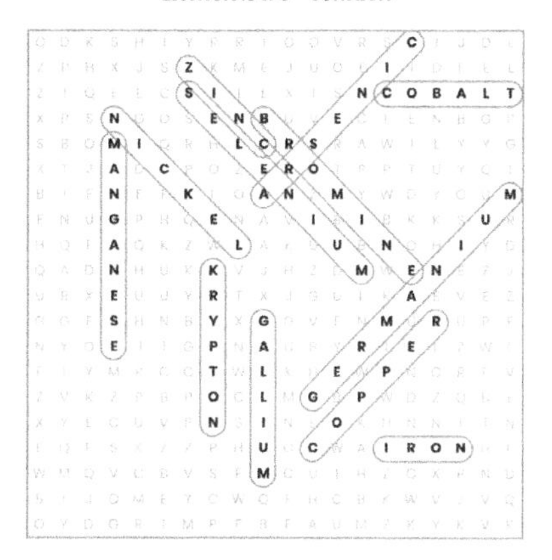

Elements #4 - Solution

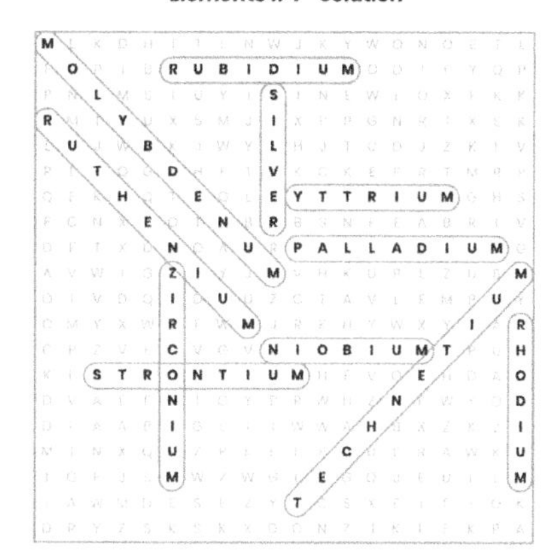

Elements #5 - Solution

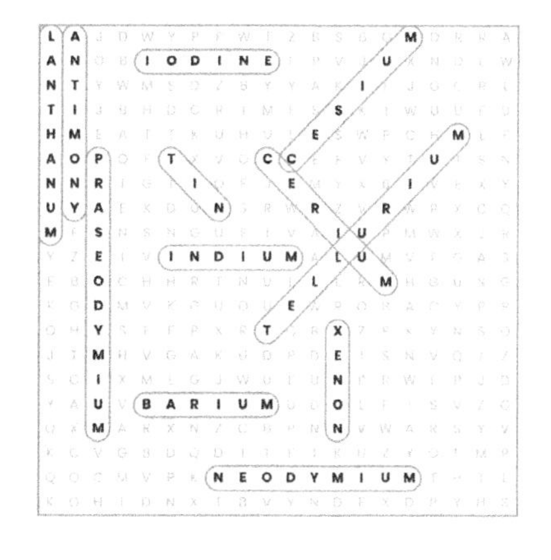

Elements #6 - Solution

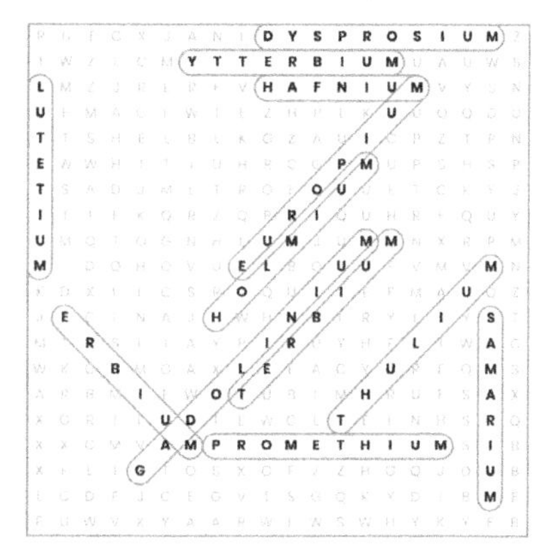

Elements #7 - Solution

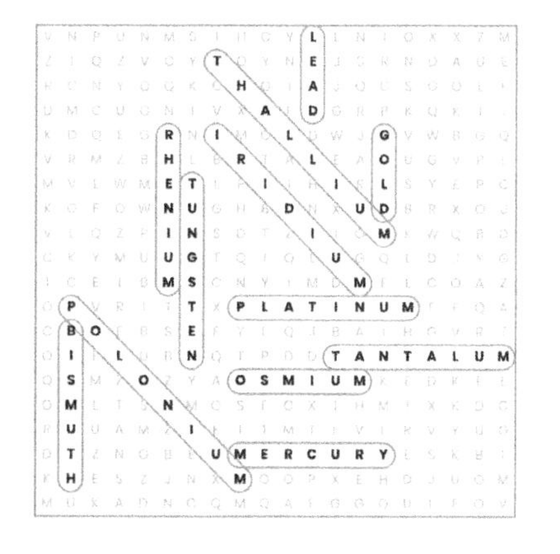

Elements #8 - Solution

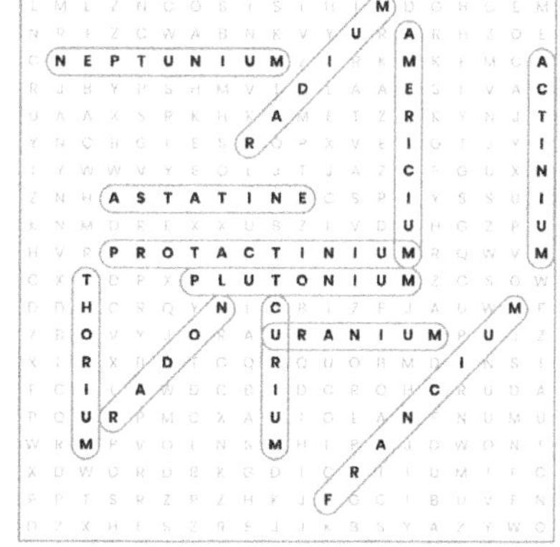

Elements #9 - Solution

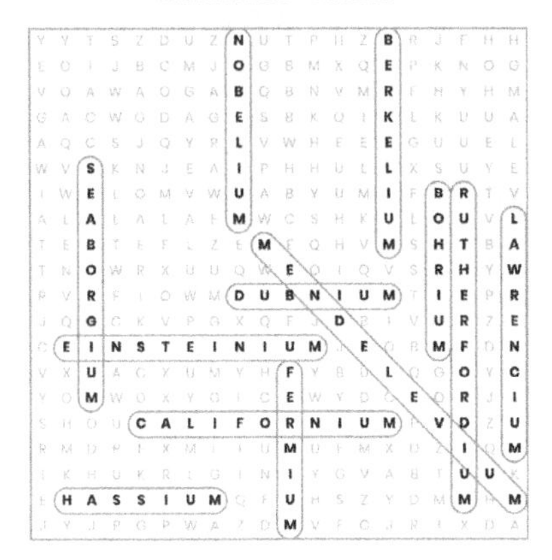

Elements #10 - Solution

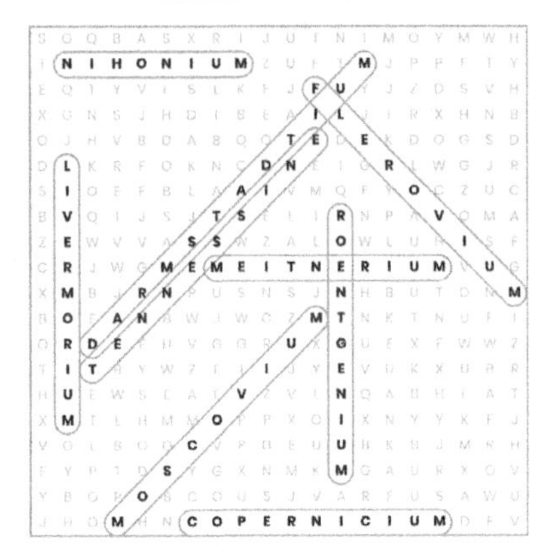

Marine Biology - Solution

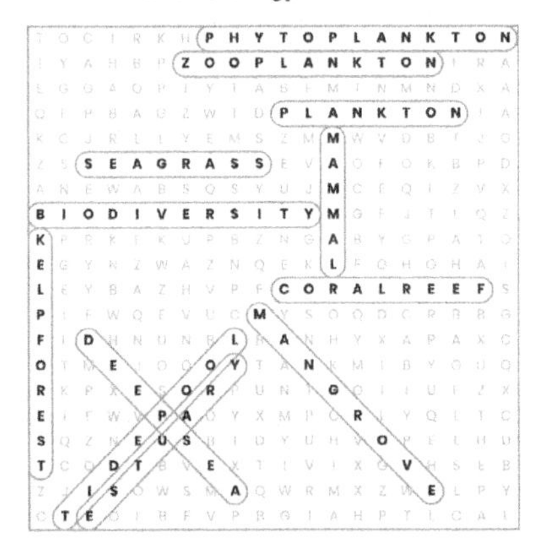

Astronomy - Solution

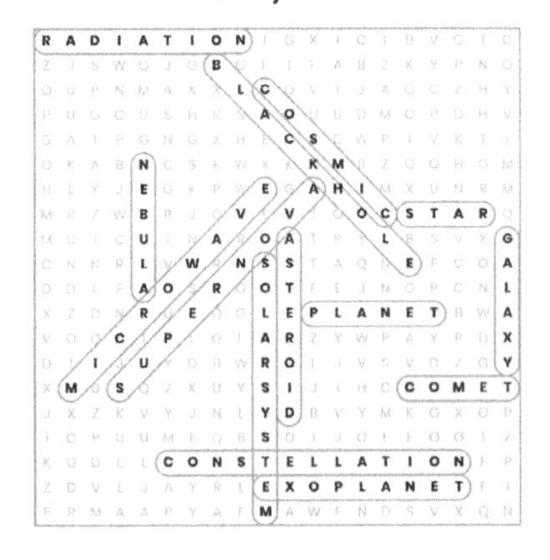

Microscopes - Solution

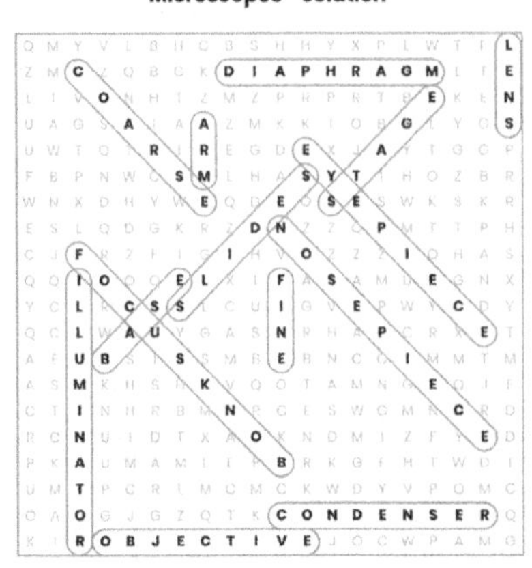

Paleontology - Solution

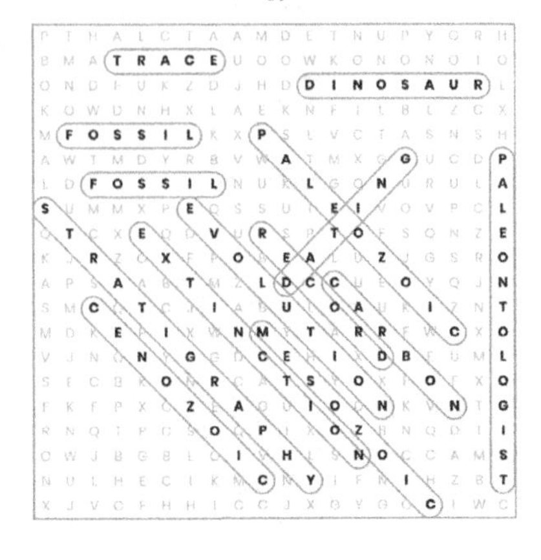

Cells - Solution

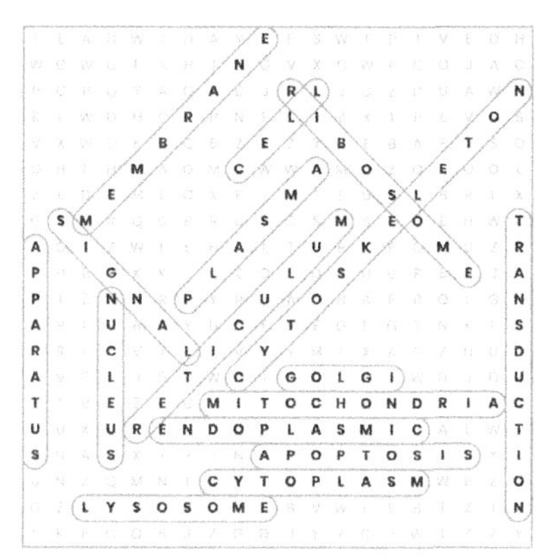

Molecules - Solution

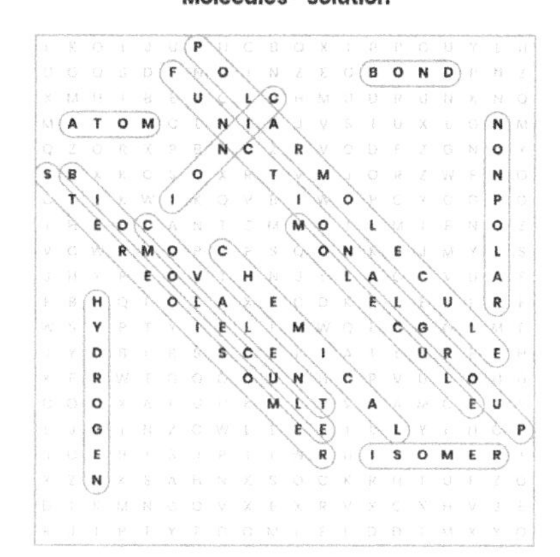

Geotechnology - Solution

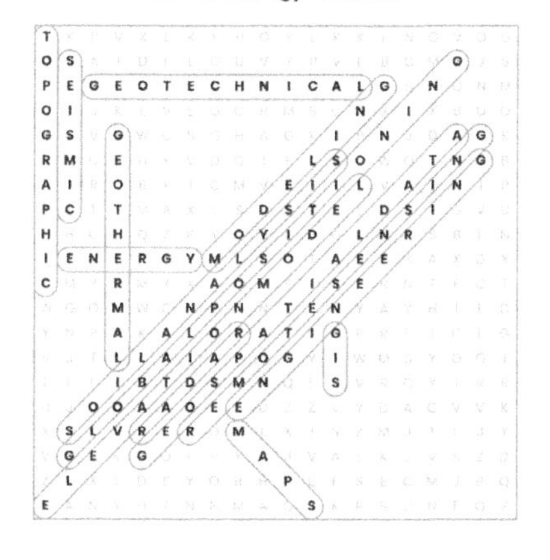

Scientific Method - Solution

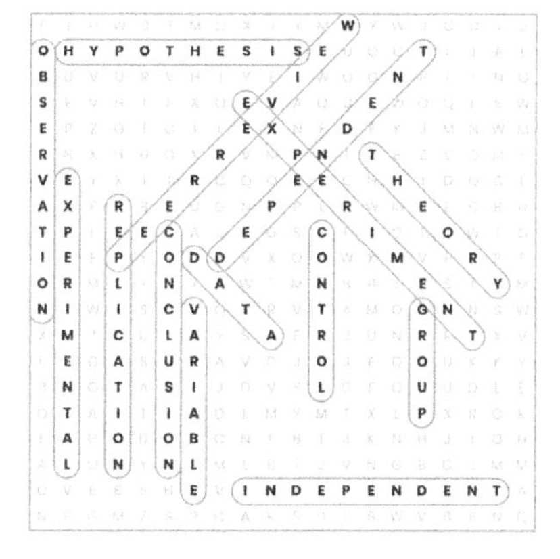

Geophysics - Solution

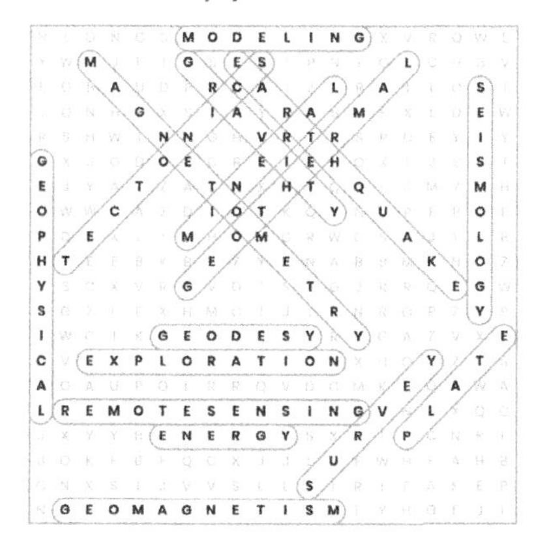

Ecology - Solution

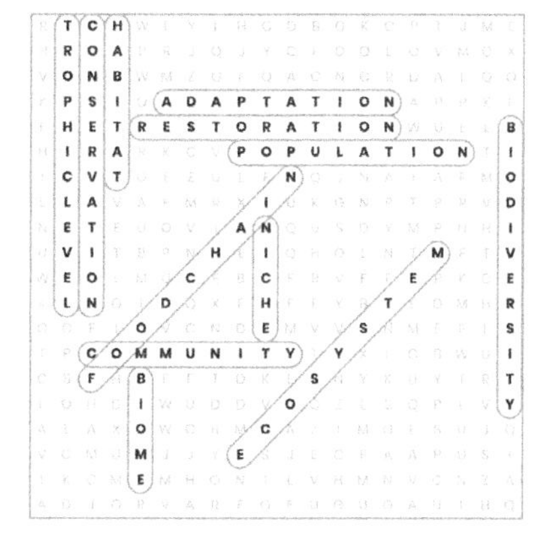

Geography - Solution

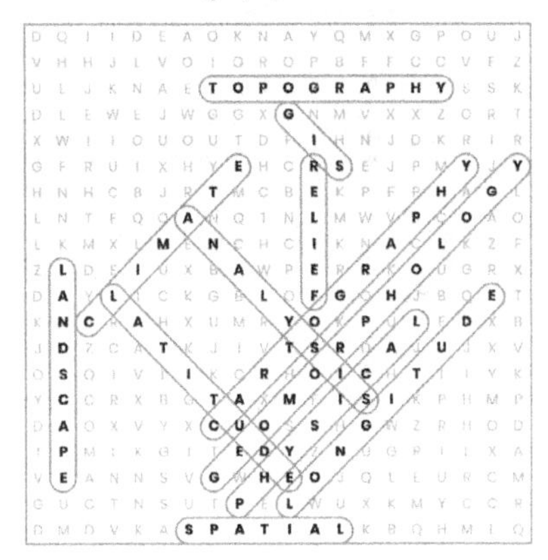

Astrophysics - Solution

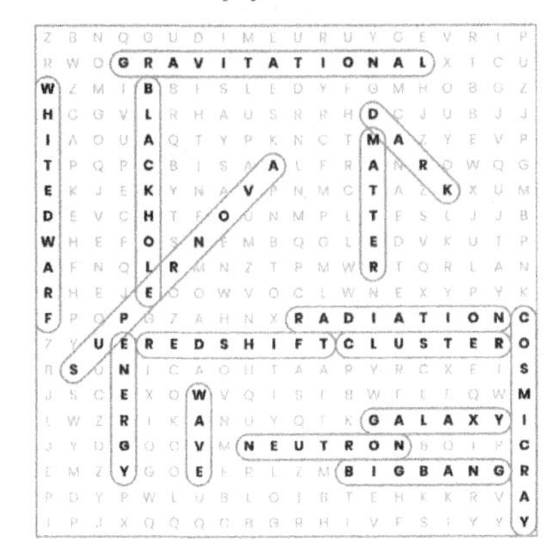

Biochemistry - Solution

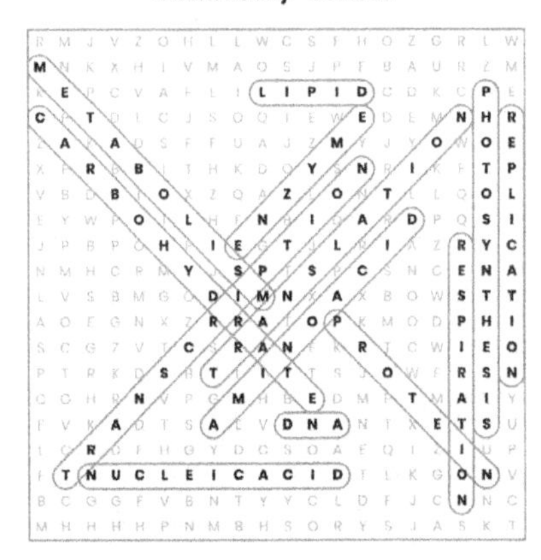

Organic Chemistry - Solution

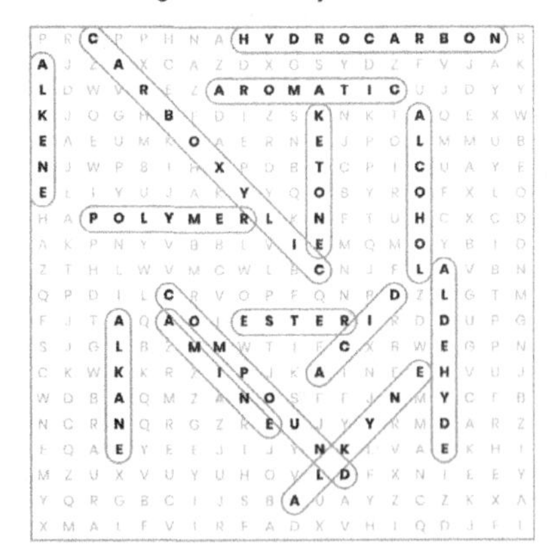

Nuclear Physics - Solution

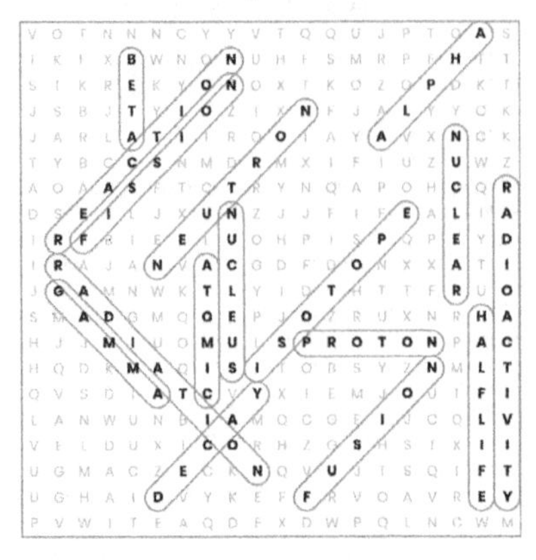

Developmental Biology - Solution

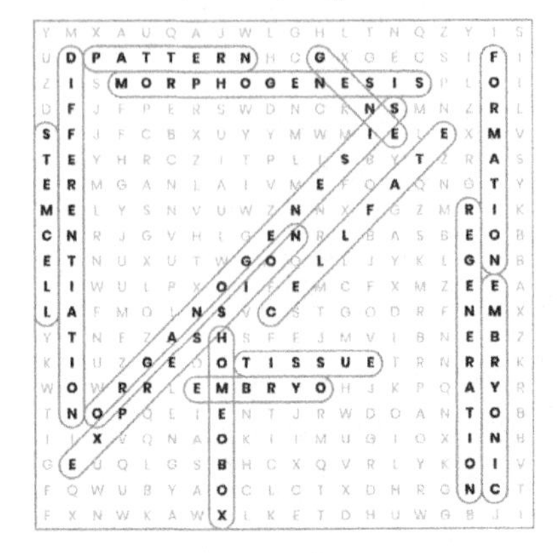

Neuroscience - Solution

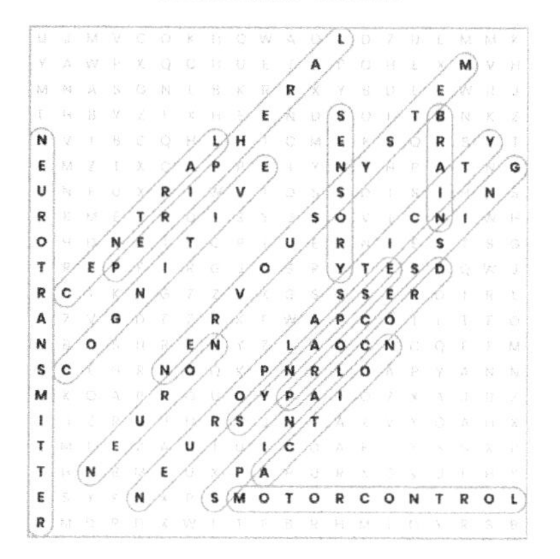

Made in United States
Orlando, FL
23 May 2025

61537513R00039